内蒙古自然资源
少儿科普丛书

植物电报

ZHIWU DIANBAO

内蒙古自然博物馆／编著

内蒙古人民出版社

图书在版编目(CIP)数据

植物电报 / 内蒙古自然博物馆编著. --呼和浩特 : 内蒙古人民出版社, 2021.7
(内蒙古自然资源少儿科普丛书)
ISBN 978-7-204-16761-6

Ⅰ. ①植… Ⅱ. ①内… Ⅲ. ①植物资源-内蒙古-少儿读物 Ⅳ. ①Q949.9-49

中国版本图书馆 CIP 数据核字(2021)第 098320 号

植物电报

作　　者　内蒙古自然博物馆
策划编辑　贾睿茹
责任编辑　白　阳
责任校对　李向东
责任监印　王丽燕
封面设计　宋双成
音频制作　张怀远
出版发行　内蒙古人民出版社
地　　址　呼和浩特市新城区中山东路 8 号波士名人国际 B 座 5 层
网　　址　http://www.impph.cn
印　　刷　内蒙古爱信达教育印务有限责任公司
开　　本　787mm×1092mm　1/16
印　　张　12.5
字　　数　260 千
版　　次　2021 年 8 月第 1 版
印　　次　2021 年 8 月第 1 次印刷
书　　号　ISBN 978-7-204-16761-6
定　　价　48.50 元

《内蒙古自然资源少儿科普丛书》
编委会

小小探险家

这场内蒙古探秘之旅 你准备好了吗？

我们为正在阅读本书的你 提供了以下专属服务

★探秘必备法宝★

本书讲解音频：跟随讲解的声音，探秘内蒙古自然资源！

配套电子书：在线读一读，内蒙古自然资源知识超齐全！

领取探秘工具

自然卡片扫一扫，大自然的秘密都被你发现啦！

拍照记科普笔记，有趣的科普知识通通帮你存好了！

趣味测一测，原来你对自然资源这么了解哦！

拓展探秘知识

看看科普视频，大自然的科普竟然这么有趣！

翻翻优选书单，噢！你的探秘技能也翻一番！

微信扫码

添加 **智能阅读小书童**

告诉你内蒙古探秘的好去处

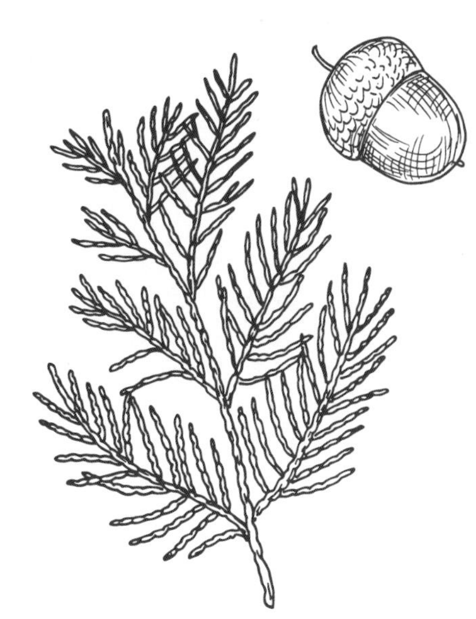

前言

壮美的内蒙古横亘祖国北疆，跨越东北、华北、西北三区，土地总面积118.3万平方公里。内蒙古是我国重要的生态功能区，自然禀赋得天独厚，拥有草原、森林、水域、荒漠等多种独特的自然形态和自然资源。内蒙古的森林面积居全国之首。内蒙古保有矿产资源储量居全国之首的有22种，居全国前三位的有49种，居全国前十位的有101种。内蒙古人民珍爱自然，已建立自然保护区182个、国家森林公园43个、国家湿地公园49个，还有世界地质公园3个、国家地质公园8个。

绿色是内蒙古的底色，也是内蒙古未来发展的方向。习近平总书记指出："内蒙古生态状况如何，不仅关系全区各族群众生存和发展，而且关系华北、东北、西北乃至全国生态安全。把内蒙古建成我国北方重要生态安全屏障，是立足全国发展大局确立的战略定位，也是内蒙古必须自觉担负起的重大责任。"

绿水青山就是金山银山。自然是人类赖以生存和发展的根基。广袤的草原、肥沃的土地、水产丰富的江河湖海等，不仅给人类提供了生活资料来源，也给人类提供了生产资料来源。人类善待自然，按照大自然规律活动，取之有时，用之有度，自然就会慷慨地馈赠人类。正如《孟子》所说："不违农时，谷不可胜食也；数罟不入洿池，鱼鳖不可胜食也；斧斤以时入山林，材木不可胜用也。”我们要牢固树立绿色发展理念，坚持走生态文明之路。

培养绿色发展理念，首先要熟悉热爱大自然。内蒙古自然博物馆是内蒙古首座集收藏陈列、科学研究、科普教育为一体的大型自然博物馆，是国内泛北极圈自然资源特色鲜明、收藏和展示功能一流的自然博物馆，更是宣传内蒙古、让世界人民了解内蒙古的窗口和平台。为了让少年儿童充分了解内蒙古的自然资源，内蒙古人民出版社联合内蒙古自然博物馆出版了《内蒙古自然资源少儿科普丛书》。丛书包含动物、植物、矿物及古生物四个主题，着重介绍了它们鲜为人知的有趣知识，让少年儿童了解它们的故事，进而培养保护自然的意识。

《内蒙古自然资源少儿科普丛书》凝聚着博物馆人对内蒙古自然资源的理解与感受。在丛书或长或短的文字描绘中，知识只是背景，感受才是主体。请随着我们的目光，细细观察每一个物种、每一种矿产，聆听它们的生动故事，感受大自然的殷切召唤。

编委会

2021年8月

目录 CONTENTS

大森林

森林是以木本植物为主体的生物群落，它是无数生物赖以生存的家园，被誉为“地球之肺”。地球上森林的面积约占地球表面积的9.5%，各种各样的植物汇集在一起，一代又一代地守护着这一片净土，保护着生活在这里的生灵。

木本植物

乔木

乔木是一种高大的木本植物，它的高度可达六米至数十米。乔木分落叶乔木、常绿乔木。

落叶乔木：在每年的秋冬季节或干旱时节，它的叶子就会全部脱落。

常绿乔木：四季常青，新生的叶子长出来的时候，部分旧叶子同时也在不断脱落。叶子的寿命很长，可以达到2~3年甚至更长时间。

灌木

灌木常常并没有乔木那样明显的主干，是一种丛生且比较矮小的木本植物。它的高度最高只有3.5米，靠近地面生长。半灌木，在它越冬的时候，地上部（茎叶等）死亡，但地下部（根部）仍旧存活，且在第二年可以继续萌发出新的枝芽。

藤本植物

藤本植物是指茎干细长，自身不能直立生长，必须依附它物而向上攀缘的植物。藤本植物的茎又细又长，按照其质地可分为草质藤本、木质藤本。藤本植物攀缘附着的方式也各不相同。按藤本植物的攀附方式分，藤本植物还可分为缠绕藤本、吸附藤本、卷须藤本、蔓生藤本。在这几大种类中，有许多我们生活中常见的植物，例如缠绕藤本一扁豆、吸附藤本一爬山虎、卷须藤本一葡萄、蔓生藤本一蔷薇等。

樟子松

分布地区：

黑龙江省、内蒙古自治区

生长习性：

为喜光性强、深根性树种

主要价值：

速生用材、防风绿化、固土

樟子松

Pinus sylvestris var. mongolica

■ 松杉纲 ■ 松杉目 ■ 松科

樟子松是一种落叶乔木，是国家二级保护树种。它有一个特别好听的别称——绿色皇后。樟子松的身高可达30米，身上有许多大小不一的裂纹，这些裂纹的形状就好像一个个鳞片铠甲似地包裹着它。樟子松树干下部的树皮呈灰褐色或黑褐色，上部则为黄褐色；一年生的新枝呈黄褐色，二年生或三年生的老枝则为灰褐色。它的耐寒性极强，即便身处在-40℃~-50℃依旧屹立不倒。不仅如此，它的耐旱性也极强，樟子松不仅具有厚厚的表皮和下表皮，还具有两针一束的针叶，这样的特征可以大大减少自身的蒸腾作用。

樟子松是雌雄同株，这个特性还有个美丽的传说：一条恶毒的“沙龙”看上了一对新婚夫妇所居住的地方——海拉尔伊敏河畔，它逼迫这对夫妇服从于它。可不管“沙龙”如何折磨他们，他们都紧紧相拥、毫不动摇，最终变成了今天我们认识的樟子松。

兴安落叶松

Larix gmelinii (Rupr.) Kuzen.

■ 松柏纲 ■ 松柏目 ■ 松科

一年生的枝条较为纤细，呈淡黄色或淡褐色，而二年生或三年生的“老家伙”们则会呈现出褐色或灰褐色等较深的颜色。兴安落叶松的树皮呈暗灰色或灰褐色，具有纵向的裂纹，经常会呈鳞片状剥落，它的身上会分泌出树脂，而树脂就是琥珀的原材料，树脂需要经过数万年才可以形成我们今天晶莹剔透的琥珀。

兴安落叶松的高度可达35米，主要分布在我国东北。与樟子松和沙地云杉不同，兴安落叶松对水分的要求很高，喜欢生长在相对潮湿的环境中。兴安落叶松是一种落叶乔木，它的叶片呈条形或倒披针状条形，花期在5~6月，紫红色的球果在9月的时候才可以成熟，成熟后的球果就会变成黄褐色、褐色或紫褐色。

兴安落叶松

分布地区：

黑龙江省、吉林省、内蒙古自治区、河北省、山西省、河南省

生长习性：

喜光性强，对水分要求较高

主要价值：

速生用材、防护绿化、水土保持

沙地云杉

分布地区：

内蒙古自治区、河北省、山西省、陕西省

生长习性：

喜光，较耐阴、耐寒

主要价值：

固沙

沙地云杉

Picea mongolica

松柏纲　松柏目　松科

沙地云杉俗称“白杆”，是一种常绿乔木。沙地云杉在全世界仅存十几万亩，全部都生长在内蒙古这片土地上，集中分布在内蒙古自治区克什克腾旗。沙地云杉长着鳞片状的树皮，树形看起来就像一座座宝塔。居住在当地的牧民都视沙地云杉为“神树”，他们以云杉林中最为年少且壮硕的云杉为“树王”“树后”，牧民们会为它们系上圣洁的哈达，表达他们美好的祝福和愿景。

沙地云杉的高度可以达到30米，它的树冠呈灰绿色，当年生长出来的新枝呈淡黄色，而且密布一层绒毛。沙地云杉的球果在成熟之前呈现紫色，在成熟后则会变成深褐色。沙地云杉是一种浅根系树种，它的侧根比较发达，根长可以达到树干的三倍，是一种非常优良的固沙树种。

杜松

Juniperus rigida

■ 松衫纲 ■ 松衫目 ■ 柏科

它的枝条有的向上直立，有的会下垂，其中直立的为大枝，而下垂的则为小枝。杜松长着圆球形的球果，它的球果在成熟前会呈现紫褐色，而在成熟时就会变为蓝黑色或淡褐黄色，它的果实上还会覆盖一层细密的白粉。杜松的适应力极强，即便是在环境极度恶劣的岩缝中也可以顽强地生长。松和梅、竹并称“岁寒三友”。在民间，人们还会将杜松的枝条扔到火中，他们认为这样的方式可以起到辟邪、防止瘟疫发生的作用。

杜松是一种常绿灌木或小乔木，它凭借着超长的寿命，被称为“百木之长”。杜松的高度可达10米，它的身上布满了像细针一样的叶子。杜松的树冠呈圆柱形，在年老的时候树冠就会变成圆头形。

杜松

分布地区：

黑龙江省、吉林省、辽宁省、内蒙古自治区等地区

生长习性：

杜松是强阳性树种，耐阴、耐干旱、耐严寒、喜冷凉气候

主要价值：

速生用材、防风绿化、固土

侧柏

分布地区：

吉林省、辽宁省、内蒙古自治区、河北省等地

生长习性：

喜光，幼时稍耐荫，适应性强，对土壤要求不严

主要价值：

园林绿化

侧柏

Platycladus orientalis

■ 松杉纲 ■ 松杉目 ■ 柏科

侧柏是中国特有的一种高大乔木。它的高度可达20多米，侧柏的树皮很薄，表面看起来像用刀子划过一样，有许多纵向的裂纹。侧柏的寿命很长，它们中很多已经超过了八百岁，因此也被称作“生命之树”。侧柏被广泛应用在园林绿化中，不论是寺庙、庭院，还是北京天坛等著名景点，都有它们的身影。侧柏是一种常绿乔木，它又称作扁柏、香柏等，它的叶片扁平，呈鳞片状，交叉对生排列在一根根小枝上，非常具有辨识度。

侧柏的花期在3～4月，球果的成熟期在10月，它的球果呈蓝绿色，球果在成熟后就会开裂，变成红褐色。侧柏虽然是一种浅根性的树木，但他的侧根却很发达。侧柏具有抗烟尘、抗有害气体的功效，它凭借着一身的优点成为我国首都北京的市树。

黄柳

Salix gordejevii

■ 双子叶植物纲 ■ 杨柳目 ■ 杨柳科

黄柳的小枝呈黄色，具有革质的光泽感。黄柳的叶片呈线形或线状披针形，叶子的长度可以达到2~8厘米，宽度为3~6厘米，尖端较短，边缘还长有腺锯齿。黄柳在每年的4月盛开，花药为黄色的小花，在这之后，没有毛的淡褐黄色的蒴果会在每年的5月份成熟。

黄柳的高度为1~2米，它生长在流动沙丘上，被人们称为“沙丘卫士”，具有极佳的固沙作用。黄柳是一种柳属灌木，有灰白色的树皮，树皮上没有开裂的裂纹。

黄柳

分布地区：
内蒙古自治区、甘肃省

生长习性：
生长在流动沙丘上

主要价值：
固沙

山杨

分布地区：

黑龙江省、吉林省、辽宁省、内蒙古自治区、河北省等地

生长习性：

多生长于山坡、山脊和沟谷地带

主要价值：

园林绿化

山杨

Populus davidiana

■ 双子叶植物纲　■ 杨柳目　■ 杨柳科

山杨是一种高大的落叶乔木，它的身高可达25米。山杨的叶子形状近似圆形，叶子边缘呈不规则波浪状。秋天来临的时候，我们总会看到路边的大树下有许多像毛毛虫一样的红色“不明物体”，这个其实就是从它身上掉落的花序，上面排列着的都是山杨的花。山杨的树皮质感非常光滑，呈灰绿色或灰白色，树冠圆形，圆筒形的小枝非常光滑，为赤褐色。山杨会在3~4月开花，4~5月结果，它的果实为蒴果，呈卵状圆锥形。

山杨的“山”字体现了它的生长环境，它喜欢生长在山坡、山脊或沟谷地带，它的生长能力极强，只要是微酸性至中性且排水良好的较肥沃土壤，都是它可以扎根的地方。你知道吗，山杨还具有一定的药用价值。它的树皮中含有鞣制可提取的单宁，具有驱除蛔虫、治疗腹痛的作用，对肺炎导致的咳嗽等方面的疾病也有很好的疗效。

白桦

Betula platyphylla

■ 双子叶植物纲 ■ 山毛榉目 ■ 桦木科

树皮上分布有许多横向的、用来呼吸的皮孔。白桦树往往因为光照不同而有着不同质感的树皮，朝南的树皮非常光滑，而朝北的树皮则凹凸不平，所以在野外，白桦也有“指南针”的作用！白桦不光树皮很有特点，它的种子还长着翅膀，这些种子被称为“翅果”，它们会随着风飞到适宜生长的土地上，在那里生根发芽。

白桦因为它白白的树皮、挺直的树干，看起来就像个亭亭玉立的美人，因此它也被称为“美人树”，它也是俄罗斯的国树。它的分布非常广泛，无论是400米的低海拔地区，还是4000米的高海拔地区都可以看到它的身影。白桦的树皮呈白色，像纸一样薄，触感光滑。

白桦

分布地区：

黑龙江省、吉林省、辽宁省、内蒙古自治区等地

生长习性：

生长在山坡或林中，适应性强，分布甚广，尤喜湿润土壤，为次生林的先锋树种

主要价值：

经济价值

垂柳

分布地区：

主要生长在长江流域与黄河流域

生长习性：

喜光，喜温暖湿润气候及潮湿深厚之酸性及中性土壤

主要价值：

园林景观

垂柳

Salix babylonica

■ 双子叶植物纲 ■ 杨柳目 ■ 杨柳科

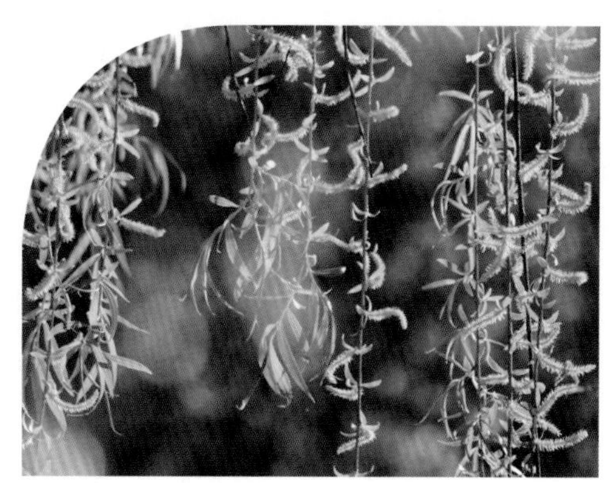

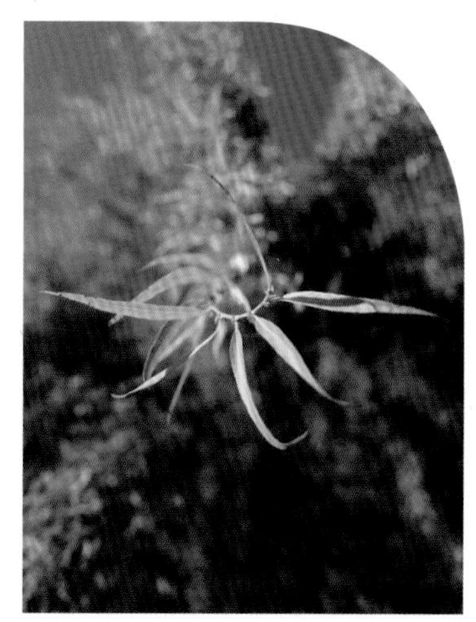

垂柳又叫垂杨柳，是一种有名的乔木。柳树的生命力非常强，如果你将它的一根枝条插在土地上，那根枝条便会逐渐生长成为一棵柳树，这也是“无心插柳柳成荫”这一句话的由来。春天的时候，垂柳生长的地方会有许多白色的“毛毛”飘在空气中，这其实就是它的种子，春风便是它传播的媒介，鼻炎患者的“噩梦”也随之来临。

垂柳不仅经常出现在公园的湖边和街道两旁，也经常在古诗词中被提到，它还被赋予了特殊的意义。因“柳”与“留”同音，所以古代文人在送别亲友的时候，通常会在河边插一条柳枝，来表达自己的惜别之情。它长长的枝条随风摇摆，十分柔美，因此在古诗词中它还被用来比喻身材婀娜的女子。

蒙古栎

Quercus mongolica

■ 双子叶植物纲 ■ 山毛榉目 ■ 壳斗科

蒙古栎的耐寒性很强，即便在-60℃的环境里，它也会屹立不倒，它的果实则是秋冬季节森林中“小居民”们的重要食物来源。动画电影《冰河世纪》中那个松鼠永远吃不到的“美食”就是蒙古栎的果实——橡子！橡子上有一个类似“帽子”的外壳，这个外壳的名字叫做壳斗。橡子的用处很多，既可以用来酿酒，还可以做饲料。

蒙古栎是一种高大的落叶乔木，生长在山上，是国家二级珍贵树种。蒙古栎的高度可达30米，它倒卵形的叶子有波浪形的锯齿边缘，很漂亮且极具辨识度。蒙古栎早在恐龙统治地球的白垩纪晚期就已经出现了，比我们人类出现都还要早许多。

蒙古栎

分布地区：

黑龙江省、吉林省、辽宁省、内蒙古自治区等地

生长习性：

喜温暖湿润气候，也能耐一定寒冷和干旱

主要价值：

防风护林、涵养水源、森林及防火林的重要树种

大果榆

分布地区：
黑龙江省、吉林省、辽宁省、内蒙古自治区等地

生长习性：
喜光，根系发达，侧根萌芽性强

主要价值：
绿化

大果榆

Ulmus macrocarpa

■ 双子叶植物纲 ■ 荨麻目 ■ 榆科

大果榆是一种落叶乔木或灌木，它的高度可达20米。大果榆的叶子呈倒卵圆形，边缘呈锯齿状，摸起来很厚实，有皮革的质感。它的树皮呈暗灰色或灰黑色，具有纵向的裂纹，非常粗糙。大果榆年幼的枝条上会长有一些稀疏的绒毛，一年生或二年生的枝条呈淡褐色或黄褐色。大果榆的花果期在4~5月，大果榆的果实和“榆钱”的外观极其相似，果实的边缘和两侧都有绒毛分布，果实的顶端有凹陷，果核位于果实整体的中部，都是长着“翅膀”的一种翅果，当微风拂过，它的果实就会携带着它的种子随风飘散，在新的土地上发芽生根。

大果榆喜欢光照，它的根系非常发达，对温度的适应性也极强，即便在29℃的高温或-30℃的低温中也能够正常生存。大果榆的耐旱能力也非同小可，年降水200毫米的地区也可以生长。

狭叶锦鸡儿

Caragana stenophylla

■ 双子叶植物纲 ■ 蔷薇目 ■ 豆科

它的叶片狭长，呈线状披针形或线形，在枝条上成簇生长。狭叶锦鸡儿的树皮为灰绿色、黄褐色或深褐色，他会在7~8月结出圆筒形的类似豆角一样的荚果，它的荚果长度可达2~2.5厘米，宽度为2~3毫米，当它成熟的时候，它的荚果就会开裂，果皮裂成两片后我们就可以看到鲜嫩的种子啦！狭叶锦鸡儿可不是一个中看不中用的“花瓶”，它的生存环境非常恶劣，经常生长在沙地等较为干旱贫瘠的土地上，耐旱性很强，有利于固沙和水土保持。

狭叶锦鸡儿是一种矮灌木，它的高度为80厘米。刚听到这个名字还以为是有一只鸡混在植物里了。其实，它是蝶形花科中的一个，它的花蕾像极了一只漂亮的蝴蝶，花朵呈鲜艳的黄色，其中还夹杂着一点红色，只看一眼就令人过目难忘。每年的4~6月我们便能见到这美丽且独特的花朵了。

狭叶锦鸡儿

分布地区：

黑龙江省、吉林省、辽宁省、内蒙古自治区等地

生长习性：

生长在沙地、黄土丘陵、低山阳坡

主要价值：

固沙、固土

黄花忍冬

分布地区：

黑龙江省、吉林省、辽宁省、内蒙古自治区等地

生长习性：

生长在海拔 250~2000 米的沟谷、林下或林缘灌丛中

主要价值：

药用

黄花忍冬

Lonicera chrysantha

■ 双子叶植物纲 ■ 茜草目 ■ 忍冬科

黄花忍冬是一种落叶灌木，它的名字便体现了它耐寒的特性。黄花忍冬的果实为鲜嫩多汁的红色坚果，叶片上长有许多绒毛。黄花忍冬有一个独特之处，那就是在它的一个花蒂上会开两朵花，它们长长的花蕊向外伸出，一同生长、形影不离。忍冬也因此被称为鸳鸯藤。它可以用来表达姐妹、爱人之间浓厚的感情。

我们还经常会在一些药品成分甚至药品名称上看到黄花忍冬的另一个别称——金银花，它是一种具有悠久历史的上等中草药，有清热解毒的功效。它的花朵在刚刚盛开时呈白色，经过1~2天后逐渐变为金黄色，这也是它的别称金银花的由来。

山刺玫

Rosa davurica

■ 双子叶植物纲 ■ 蔷薇目 ■ 蔷薇科

山刺玫结出的果实叫作刺玫果，它可有"果实之冠"的美誉，刺玫果内含有许多对人体有益的微量元素，人们经常会将它制成玫瑰酱，果实药食两用。其中，果实内锌的含量非常高，高于其他植物的果实，被称作"生命之花"。不仅如此，刺玫果内维生素C含量比所有植物、蔬菜都要高，真不愧是大地"果实之冠""维生素C之王"啊！刺玫果不仅可以食用，它还可以入药，是治疗食欲不振、消化不良等病症的首选哦！

山刺玫又名野蔷薇，是一种落叶灌木，它会在每年6~7月开出紫红色的花朵。在山刺玫花开时节，艳丽的颜色和沁人心脾的芬芳便会吸引许多勤劳的小蜜蜂前来劳作，成为它花粉的搬运工。

山刺玫

分布地区：

黑龙江省、吉林省、辽宁省、内蒙古自治区、河北省、山西省

生长习性：

喜暖，喜光，耐旱，忌湿，耐寒

主要价值：

食用

黄刺玫

分布地区：
黑龙江省、吉林省、辽宁省、内蒙古自治区等地

生长习性：
喜光，稍耐阴，耐寒力强

主要价值：
观赏、固土、园林绿化、食用

黄刺玫

Rosa xanthina

■ 双子叶植物纲 ■ 蔷薇目 ■ 蔷薇科

黄刺玫是一种落叶灌木，它的高度可达到2~3米，是辽宁省阜新市市花。黄刺玫的幼叶下长有稀疏的柔毛，随着它的不断生长，柔毛逐渐脱落。它的枝条粗壮且密集，小枝上虽没有绒毛的分布，却长有皮刺。黄刺玫的花期很长，每年4~6月都是它盛开的季节，黄刺玫的花朵很大，呈鲜艳的黄色。黄刺玫的果期在7~8月，它的果实呈紫褐色或黑褐色。

黄刺玫出众的外形特点和沁人心脾的清香使它成为园林绿化中的常客。黄刺玫对土壤的要求不高，适应力强，有水土保持，防止土地沙化的作用。黄刺玫的果实可以食用，它的花朵可以提取芳香油，用来制作香水和空气清新剂。不仅如此，黄刺玫还可以药用，对脾胃不和等病症都有治疗作用。

珍珠梅

Sorbaria sorbifolia

■ 双子叶植物纲 ■ 蔷薇目 ■ 蔷薇科

大家对珍珠梅这种植物应该不陌生，它们的生命力很强，在我们生活中的很多地方，如公园、道路两旁的绿化带中都有它的存在。珍珠梅开着小小的纯白色花朵，一簇一簇凑在一起非常好看，不仅如此，当你从它的身旁走过的时候，就会闻到一股浓浓的花香味。它细长的叶子像羽毛一样排列在枝条上。不仅如此，珍珠梅还有别的植物所没有的特异功能！它可以从体内散发出一种可挥发的植物杀菌素，这些杀菌素可以杀死空气中的有害细菌，防止这些细菌伤害我们。

珍珠梅是一种灌木，它的高度可达2米。珍珠梅新生的枝条呈绿色，老枝则呈暗红色。每年7~8月是珍珠梅的花期，珍珠梅的花语是：努力、友情。珍珠梅的果期在8月，它的果实为蓇葖果，果实的形状为长圆形。

珍珠梅

分布地区：

黑龙江省、吉林省、辽宁省、内蒙古自治区

生长习性：

珍珠梅喜光，亦耐阴，耐寒

主要价值：

观赏

丁香

分布地区：

吉林省、辽宁省、内蒙古自治区、河北省等地

生长习性：

喜阳光、温暖、湿润，但忌渍水，稍耐阴，也耐旱，耐寒性、抗逆性强。

主要价值：

药用

丁香

Syringa oblata Lindl.

■ 双子叶植物纲 ■ 捩花目 ■ 木犀科

丁香是一种最高可达5米的落叶灌木或小乔木，它因为花朵香气扑鼻，看起来非常像一根一根的小钉子而得名丁香，是内蒙古呼和浩特市市花。丁香花的花期为4~5月，小小的紫色花朵聚集在一起，使枝干看起来非常饱满。“我希望逢着一个丁香一样的结着愁怨的姑娘”，这是诗人戴望舒创作的现代诗——《雨巷》，其中的丁香便是“愁怨”的代表。丁香的枝干往往相互缠绕形成一个结，这个结好似我们内心的郁结和愁怨，古人便称这个结为“丁香结”。

有了丁香结，丁香身上的忧郁气质更加浓重了，诗人有的借丁香表达相思愁肠，有的借丁香表达自己怀才不遇的忧伤，有的则表达了情人之间的哀怨。丁香还具有清新口气的作用，它的香气非常浓郁，古人用口含丁香来消除口气，丁香花还具有健胃、消食等功能。

高山杜鹃

Rhododendron lapponicum

■ 双子叶植物纲 ■ 杜鹃花目 ■ 杜鹃花科

高山杜鹃的个头比较矮，最高只有1米，它的花朵会在每年的5~7月份盛开，花色丰富，争奇斗艳。高山杜鹃的美丽还体现在它坚韧不拔的精神上，它生长在高山之上，即使是身处-10℃的严寒之中，也依旧会保持枝繁叶茂的状态，盛开着惊艳至极的花朵。高山杜鹃与报春花、绿绒蒿、龙胆并称为“四大高山花卉”。外在美和内在美集于一身的高山杜鹃获得了颇高人气，成为观赏价值极高的一种园艺花卉。

高山杜鹃是一种常绿灌木。杜鹃是国家二级保护植物，也是中国十大传统名花之一，被誉为“花中西施”“花中娇子”。中国是杜鹃的原产地，也是世界上拥有野生杜鹃种类最多的国家。高山杜鹃是杜鹃中更加名贵、娇艳的一种。

高山杜鹃

分布地区：

黑龙江省、吉林省、辽宁省、内蒙古自治区

生长习性：

生长于高山、苔原、多岩石地方或沼泽地带

主要价值：

观赏

兴安杜鹃

分布地区：

黑龙江省、吉林省、内蒙古自治区

生长习性：

山地落叶松林、桦木林下或林缘

主要价值：

观赏、药用

兴安杜鹃

Rhododendron dauricum

■ 双子叶植物纲　■ 杜鹃花目　■ 杜鹃花科

兴安杜鹃是一种半常绿灌木，它们会在每年5~6月开花。兴安杜鹃也被称为金达莱，是坚贞、美好、吉祥的象征。在晚白垩纪时期，它们就已经来到了地球上，享受地球母亲给予的爱。直到今天，它们在地球上已经生活居住了至少6000多万年。杜鹃的种类繁多，分布在我国的各个角落，据统计，它的分布区域大约能占据我国60%以上的国土面积。兴安杜鹃是杜鹃中一个“不走寻常路”的种类，它们并不是温室里的花朵，它们喜欢生长在北方的寒风之中。

我国东北地区是它驻足的地方，在这里它还有另一个名字——达子香，达子香这个名字来源于一个悲壮的故事：一个叫达子香的鄂伦春族姑娘，用生命保卫了家乡的土地，在她鲜血撒过的地方便开满了鲜花，为了纪念她，当地人便以她的名字命名了这种花，这就是我们今天的兴安杜鹃。

麻叶荨麻

Urtica cannabinaL

■ 双子叶植物纲 ■ 荨麻目 ■ 荨麻科

让你这么难受的罪魁祸首便是这荨麻，荨麻的表皮长有许多毛刺，每一根刺中都含有蚁酸等对人和动物有刺激性的成分，当我们接触它的时候，它的刺尖便会断裂，这些刺激成分就被放出来“欺负”你的皮肤！麻叶荨麻的果期在8~10月，果实为瘦果，呈狭卵形，果实在成熟时就会变成灰褐色并且在它的表面还分布着明显或不明显的褐红色斑点。其实麻叶荨麻的读音并不是xún má哦，麻叶荨麻中的“荨麻”其实读作qián má，只有当它指医学上的皮肤病“荨麻疹”的时候，才会读作xún má zhěn。

麻叶荨麻是一种多年生草本植物，它的花期在7~8月。不知道你有没有这样的经历，当我们在野外活动玩耍的时候，你的手不知道抓了什么植物，突然开始又痛又麻，不一会儿便开始肿胀、长起包来。

麻叶荨麻

分布地区：

黑龙江省、吉林省、辽宁省、内蒙古自治区等地

生长习性：

生长于海拔 800~2800 米的丘陵性草原或坡地

主要价值：

药用、食用、饲料

天仙子

分布地区：

我国华北、西北及西南、华东有栽培或逸为野生

生长习性：

天仙子适应性强，当年苗耐寒、喜光、喜肥、喜排水良好的沙壤土

主要价值：

观赏、药物

天仙子

Hyoscyamus niger

■ 双子叶植物纲 ■ 管状花目 ■ 茄科

天仙子的原名为莨菪，是一种二年生的草本植物，它的高度最高为1米。别看天仙子有着这么好听的名字，它的样子却没有那么“仙”。天仙子的身上长着许多黏糊糊的毛，它的花呈淡黄色，花瓣内侧布满了紫色的脉纹，花开时的味道也很难闻，也正因为它的这些特点，它获得了与名字不符的花语：邪恶的心。天仙子自身是含有毒性的，许多江湖上传说的蒙汗药便是由天仙子制成的。

其实，这个“邪恶的仙子”可以“杀人”，更能“救人”。天仙子有防止皮肤瘙痒的作用，如果你的皮肤受伤了，将它直接抹在伤口上还可以促进伤口愈合哦！

黄花列当

Orobanche pycnostachya

■ 双子叶植物纲 ■ 管状花目 ■ 列当科

黄花列当的果实在7~9月成熟，它的果实为蒴果，成熟后的果实会开裂，黑褐色的小种子就会暴露出来。黄花列当还被叫做“不老草”，这其中还有一个故事。很久以前，长白山一个屯子里的人都得了怪病，一位仙女指点他们吃了一种草药，大家的病就都痊愈了，人们称这株草药为“不老草”，据说用它泡酒还可以延年益寿！这种神奇的草药便是黄花列当。由此可见，黄花列当的药用价值非常珍贵，它对人体的生命之源一肾，具有非常好的滋补效果，是国家重点保护植物。

黄花列当是一种寄生植物。在海拔250 ~2500米的沙丘、山坡或草原上，我们就会看到黄花列当的身影，它寄生在蒿属植物的根上，茎没有分枝，全身布满了绒毛。黄花列当是二年生或多年生草本植物，它的花期在4~6月，在这个时候，它就会盛开出黄色的花朵。

黄花列当

分布地区：

黑龙江省、吉林省、辽宁省、内蒙古自治区等地

生长习性：

生长于固定或半固定沙丘、向阳坡、山坡草地，常寄生在蒿属植物根上

主要价值：

药用

桔梗

分布地区：

全国大部分地区都有分布和栽培

生长习性：

喜凉爽气候，耐寒、喜阳光

主要价值：

食用、药物

桔梗

Platycodon grandiflorus

■ 双子叶植物纲 ■ 桔梗目 ■ 桔梗科

桔梗又叫铃铛花、包袱花、僧帽花，它是一种多年生的草本植物，它的根十分粗壮，可以贮存养分，当桔梗缺乏营养的时候就可以及时补充能量啦！桔梗的叶柄极短，叶片的长度为2~7厘米，叶片上面呈绿色且光滑无毛，下面虽然无毛却有白色粉末的分布。桔梗的果实为蒴果，桔梗花的花期在每年的7~9月，花朵暗紫白色或暗蓝色。桔梗花单个开放，常见颜色为蓝色、紫色和白色，浑身散发着忧郁气质。

桔梗不仅形象气质佳，它还有很高的药用价值，可以很好地治疗咳嗽、痰多等症状。不仅如此，它的食用价值也很高，桔梗可以酿酒、制成咸菜，朝鲜族人还喜欢用它来制作泡菜。

菟丝子

Cuscuta chinensis

■ 双子叶植物纲 ■ 管状花目 ■ 旋花科

菟丝子没有叶也没有根，它不能靠光合作用获取营养，那它是怎么生存的呢？菟丝子是一种寄生植物，它喜欢寄生在豆科、菊科等植物身上，因此它也被称为豆阎王、豆寄生。菟丝子刚生出地面的时候，它的茎会随风摇摆，寻找寄生的目标，当身边有它喜欢的植物的时候，它就会向对方倾斜。

菟丝子没有眼睛，它是怎么找到这些“猎物”的呢？其实，植物会散发出一些菟丝子喜欢的化学物质，当菟丝子“闻到”便会找到它们，被菟丝子缠上的植物可就倒了大霉了，不光影响形象，严重的还会造成植株的死亡！当菟丝子缠在目标植株身上时，菟丝子会在它们相接触的地方伸出尖刺并刺入对方的身体，吸取对方的水分和营养。不仅如此，菟丝子的繁殖能力非常强，被它寄生的植物往往会彻底被它遮挡，这样一来，这些植物就无法进行光合作用，逐渐营养不良，严重者就会死亡。

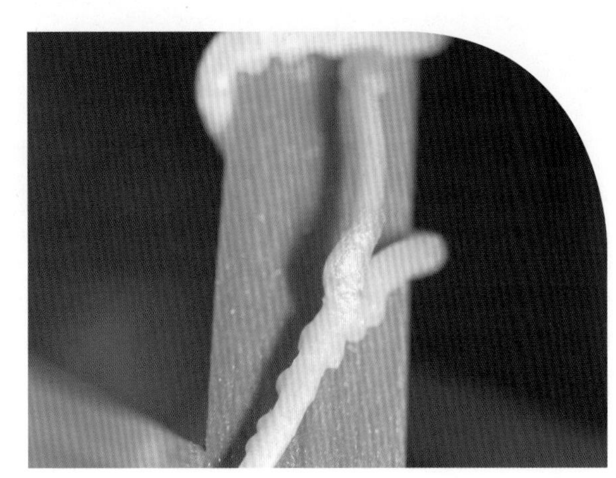

菟丝子

分布地区：

黑龙江省、吉林省、辽宁省、内蒙古自治区

生长习性：

菟丝子喜高温湿润气候，对土壤要求不高，适应性较强

主要价值：

药用

细叶益母草

分布地区：

内蒙古自治区、河北省、山西省、陕西省

生长习性：

喜温暖和较湿润的气候，一般栽培农作物的土地都可生长，但要排水良好

主要价值：

药用、经济、食用、饲料

细叶益母草

Leonurus sibiricus

■ 双子叶植物纲 ■ 管状花目 ■ 唇形科

细叶益母草是一种一年生或二年生生草本植物，它的高度为20~80厘米，是内蒙古重点保护野生植物。细叶益母草的花期为7~9月，花朵的颜色为紫色或粉红色。如果你是一名女孩子，那你一定要认识益母草这个“妇女之友”，“益母草”中的“益”就是“好处”的意思，而“母”指的就是女性。益母草有活经调血等作用，它体内含有许多微量元素，具有一定的抗氧化和抗衰老的作用，可真是女性的一种“福”草。在药典《新修本草》中记载了八十岁的一代女皇武则天依旧保持着青春容貌，就是她常年用益母草草药洗脸洗手的缘故。

益母草还有这样一个传说：相传有一位名叫秀娘的姑娘，她救了一只被猎人追杀的赤鹿，赤鹿含泪告别了她。秀娘临盆的时候，不幸难产。在危急万分的时刻，赤鹿为她衔来一株草药，秀娘吃后不久便顺利产下了宝宝。从此，秀娘在院子中大量种植这种草药，用它救助了许多难产的孕妇，并给这株草药起名为益母草。

花叶海棠

Malus transitoria

■ 双子叶植物纲 ■ 蔷薇目 ■ 蔷薇科

花叶海棠是蔷薇科苹果属的植物，它是一种高度可达8米的灌木或小乔木。花叶海棠圆柱形的小枝又细又长，幼嫩的小枝上还包裹着一层绒毛，当它的小枝成长为老枝的时候，它的颜色就会呈暗紫色或紫褐色。花叶海棠的叶片呈卵形至宽卵形，表面具有革质光泽，它的花期在5月，3~6朵白色或粉色的小花聚集在一起，组成了像小伞一样的花序。

每年9月，花叶海棠上就会结出颗颗小圆球般的果实，新生的果实呈绿色，随着果实逐渐成熟，它的颜色也会逐渐变红。花叶海棠的花朵鲜艳美丽，看似娇贵，但它却生长在海拔1500~3900米的山坡丛林之中，即便在极度干旱的黄土丘陵之中，也有花叶海棠的分布。花叶海棠所属的“海棠家族”是中国非常著名的观赏植物，海棠花有“花中神仙”“花中贵妃”之称，更是具有“国艳”的美誉。其中，西府海棠、垂丝海棠、贴梗海棠、木瓜海棠合称“海棠四品”，是海棠中的明星。

花叶海棠

分布地区：

内蒙古自治区、陕西省、甘肃省、青海省、四川省、西藏自治区

生长习性：

生长在极端干旱、高寒的环境条件下

主要价值：

食用、药用、观赏

秋子梨

分布地区：

黑龙江省、吉林省、辽宁省、内蒙古自治区、河北省等地

生长习性：

抗寒力很强，适于生长在寒冷而干燥的山区

主要价值：

食用

秋子梨

Pyrus ussuriensis

■ 双子叶植物纲　■ 蔷薇目　■ 蔷薇科

秋子梨是蔷薇科梨属的植物，它是一种高度可达到15米的乔木。秋子梨的叶片呈卵形或宽卵形。秋子梨的花期在5月，5~7朵花密集地排列着，它白色的花瓣呈倒卵形或宽卵形，紫色的花药挺立在中间，花朵的清香与它的外表一样迷人。秋子梨生长在海拔100~2000米左右的山区，它的耐寒性极强，可以抵御-50℃的低温。秋子梨的果期在8~10月，颜色为黄色，短短的花梗艰难地支撑着硕大的果实。与我们常见的梨不同，秋子梨的果实是近似球形的。

秋子梨的品种丰富，我们生活中常见的香水梨、沙果梨、鸭广梨等都是秋子梨中的成员。当我们感冒咳嗽的时候，亲人们总是会端上一碗冰糖雪梨汤。在这时，秋子梨就化身成为一种中药材，是止咳、祛痰、清肺的一剂良药。

大草原

在地球上，真正的草原出现在新近纪时期，随着不断地发展，草原已经成为地球上分布最广的一种植被类型，在我们中国960万平方千米的土地上，草原的总面积将近400万平方千米，超过40%的国土都被草原覆盖着。而分布在内蒙古自治区的天然草原面积可以达到88万平方千米，全国草原面积的22%都分布在这片广阔的土地上。

草甸草原

草甸草原是森林向草原过渡的一种植被类型，它的气候条件比较湿润，年降水量一般在359~450毫米。在草甸草原这样的水分条件下，往往会形成以多年生的中生草本为主的植被类型。中生植物就是介于旱生植物和湿生植物之间的一种植物。草甸草原上生长有非常多的优质牧草，草的高度可达60~80厘米，内蒙古自治区东部的呼伦贝尔市、锡林郭勒盟东部等地就是典型的草甸草原。

典型草原

典型草原形成于半干旱地区，主要分布在呼伦贝尔高原西部、锡林郭勒高原大部以及鄂尔多斯高原东部等地区。这里的年降水量平均在250~350毫米左右，这样的气候条件使得典型草原的植被类型主要以丛生禾草为主，其中也生长有中旱生杂草类以及根茎苔草，偶尔还会有旱生灌木或小乔木的分布。这里的草丛通常可以长到30~50厘米的高度。

荒漠草原

荒漠草原是草原的“极限”状态，它是草原中抗旱能力最强的类型，是草原向荒漠过渡的一类草原。这里的生态环境恶劣，年平均降水量基本小于200毫米，形成了以旱生丛生小禾草为主要植被类型的一类草原，其中还夹杂生长着大量的旱生小半灌木。生长在这里的植物，它们都非常耐旱，具有根系发达，叶片较小等特点。在中国，荒漠草原主要分布在内蒙古自治区西部和新疆维吾尔自治区。

狗尾草

分布地区：
全国各地

生长习性：
喜长于温暖湿润气候区，以疏松肥沃、富含腐殖质的沙质壤土及黏壤土为宜

主要价值：
饲料、药物

狗尾草

Setaria viridis

■ 单子叶植物纲 ■ 禾本目 ■ 禾本科

在中国各地，都分布着一种极不起眼的野草，它看起来就像小狗的尾巴，因此人们赋予了它狗尾草这个形象的名字。狗尾草是一种一年生草本植物，它的高度可达10~100厘米。“离离原上草，一岁一枯荣。野火烧不尽，春风吹又生。”这是著名诗人白居易的《赋得古原草送别》。这首诗中所描述的那一种生命力极其顽强的野草很有可能就是狗尾草。从古至今，狗尾草在农民的眼里都是“深恶痛绝”的一个存在。它生长在农田之中，除也除不尽、赶也赶不走。

在中国最早记载的狗尾草叫做“莠”，成语“良莠不分”中的“莠”就是它。这个成语的意思是：好的和坏的混杂在一起，其中“莠”便是恶和坏的代表，可见它有多不招人喜欢。其实，狗尾草还有很多优点。在孩子们的眼中，狗尾草是他们打闹逗趣的工具；在手艺人眼中，狗尾草是编制物件的材料；在医生眼中，它是清热祛湿、消肿明目的良药。

芨芨草

Achnatherum splendens

■ 单子叶植物纲 ■ 禾本目 ■ 禾本科

说起芨芨草你可能并不熟悉，但当你见到它的时候你一定会恍然大悟，在北方地区许多干旱的山坡上或是河湖边，它们总会一丛一丛地立在那里，不断随风摇动，即便在内蒙古大草原被冰雪覆盖的土地上它们依旧拔地而起、熠熠生辉。

芨芨草的基部长有许多节，它的根向地下深深地探入，根的长度甚至可以达到它身躯的数倍，这也是它可以在极度干旱恶劣的环境下茁壮生长的原因之一。你知道吗，芨芨草的作用可多了！它可以用来造纸，还可以编制篮筐和草席等物品，我们生活中经常用到的扫把很多也是由它制作的。它不光可以用来制作工具，在它幼嫩的时期还可以作为上好的饲料来喂养牲畜。芨芨草在医药方面也有很大贡献，它对尿路感染等疾病有很好的治疗作用。不仅如此，它还可以治疗古代让人闻之色变的疾病——天花！可真是个低调的“珍宝”啊！

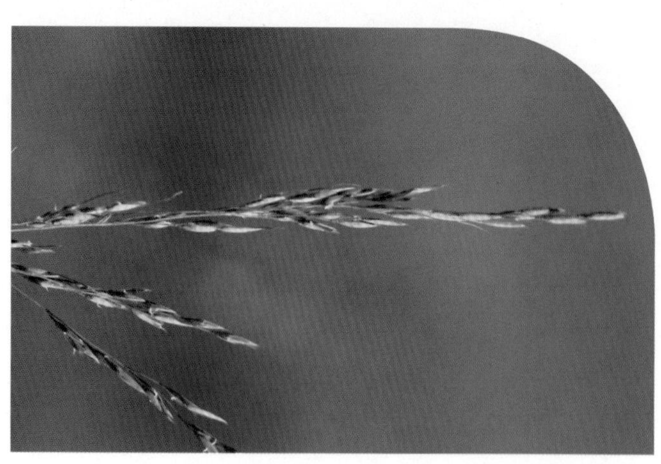

芨芨草

分布地区：

黑龙江省、内蒙古自治区、山西省、河南省等地

生长习性：

根系强大，耐旱、耐盐碱，适应黏土以至沙壤土

主要价值：

饲料

冰草

分布地区：

黑龙江省、内蒙古自治区、河北省、宁夏回族自治区

生长习性：

生长在干燥草地、山坡、丘陵以及沙地

主要价值：

饲料

冰草

Agropyron cristatum

■ 单子叶植物纲　■ 禾本目　■ 禾本科

冰草是一种多年生的草本植物，夏天就是冰草生长的季节。它是一种马、羊等牲畜最为喜爱的优良牧草。说到冰草，我不由得吞了吞口水，没错，冰草还有另一个身份——蔬菜！当我们去菜市场买菜的时候，卖家为了使蔬菜保持水分，看起来更新鲜，经常会用喷壶往蔬菜上喷水，而冰草则是自带“美颜滤镜”的一种蔬菜，它的叶片和茎上有许多类似水珠的泡状细胞，这些细胞里充斥着液体，看起来和冰霜也非常相像，冰草也因此得名。

冰草吃起来有点咸咸的，但非常爽口，它还有非常高的营养价值，经常被制作成凉菜，深得人们的喜爱。冰草还有一定的药用价值，它的根或全草具有止血、清热利湿等功效，对哮喘病具有非常好的治疗作用。

无芒雀麦

Bromus inermis

■ 单子叶植物纲 ■ 禾本目 ■ 禾本科

无芒雀麦的花果期在每年的7~9月，它的花序为圆锥花序，长度为10~20厘米，它的果实为颖果，形状呈长圆形，颜色为褐色。无芒雀麦的耐寒性极强，冬季-30℃的低温下仍旧可以正常生长发育。颖果是禾本科植物特有的一种果实类型，它只含有一粒种子，在果实成熟时，果皮就会与种皮愈合在一起，无法分离，我们生活中常见的水稻、玉米、小麦等粮食作物的果实都为颖果。

无芒雀麦又被称为禾萱草、五芒草、光雀麦，是一种禾本科雀麦属的一种多年生草本植物，它的高度为120厘米左右，是我国目前栽植最广的雀麦类牧草。无芒雀麦的叶子呈扁平状，叶片的顶部逐渐变尖，边缘比较粗糙。

无芒雀麦

分布地区：

黑龙江省、吉林省、辽宁省、内蒙古自治区等地

生长习性：

无芒雀麦喜肥性强，最适宜在黑钙土上生长

主要价值：

牧草

石竹

分布地区：

甘肃省、河北省、黑龙江省、河南省、吉林省、辽宁省、内蒙古自治区

生长习性：

性耐寒、耐干旱，不耐酷暑

主要价值：

药用、观赏

石竹

Dianthus chinensis

■ 双子叶植物纲 ■ 石竹目 ■ 石竹科

石竹虽然名字中有“竹”字，但它并不是竹子的一种，它是一种多年生草本植物。石竹又被称作洛阳花、中国石竹、石竹子花，它的高度为30~50厘米。石竹的叶子呈线状或披针形，它的茎一节一节的，和竹子类似，因此得名石竹。石竹的花期为5~9月，花瓣边缘为锯齿状，石竹的颜色丰富多样，白色的、紫红色、粉红色、鲜红色应有尽有。它的花语是：纯洁的爱、大胆、积极。石竹中的香石竹便是我们熟知的康乃馨，在母亲节，子女便会将康乃馨赠予母亲，来表达对母亲的爱和赞美。

石竹会在每年的7~9月结出果实，果实为蒴果，呈圆筒形，果实中藏着的，就是它黑色扁圆形的种子。石竹全身都是宝，无论是根、茎还是花朵，都是极其重要的中药材。

芍药

Paeonia lactiflora

■ 双子叶植物纲 ■ 毛茛目 ■ 芍药科

我们都知道牡丹是“花中之王”，而芍药则是可以与牡丹媲美的“花中宰相”，它与牡丹并称为“花中二绝”。在古代，芍药就已经是一个明星了，很多古诗词中有借芍药抒发对友人依依惜别之情的诗句，因此芍药又称“将离”。在我们中国，芍药才是七夕节的代表花卉，它自古以来都是中国的爱情之花，因此芍药又称作“情人花”。芍药有极高的药用价值，它的根部可以入药，有镇痛的作用。对女性来说，它不仅具有养颜的功效，还可以搭配其他中药治疗更年期等病症，因此芍药也被称为“女性之花”。

芍药是一种多年生的草本植物，是中国六大名花之一，它还有“五月花神”“花仙”等美誉。芍药花的花色多种多样，花瓣最多可达上百片。

芍药

分布地区：

黑龙江省、吉林省、辽宁省、内蒙古自治区、河北省等地

生长习性：

喜土层深厚、湿润而排水良好的壤土

主要价值：

药用、观赏、经济植物

灌木铁线莲

分布地区：

甘肃省南部和东部、陕西省北部、山西省、河北省北部及内蒙古

生长习性：

耐旱，较喜光照

主要价值：

园艺

灌木铁线莲

Clematis fruticosa

■ 双子叶植物纲 ■ 毛茛目 ■ 毛茛科

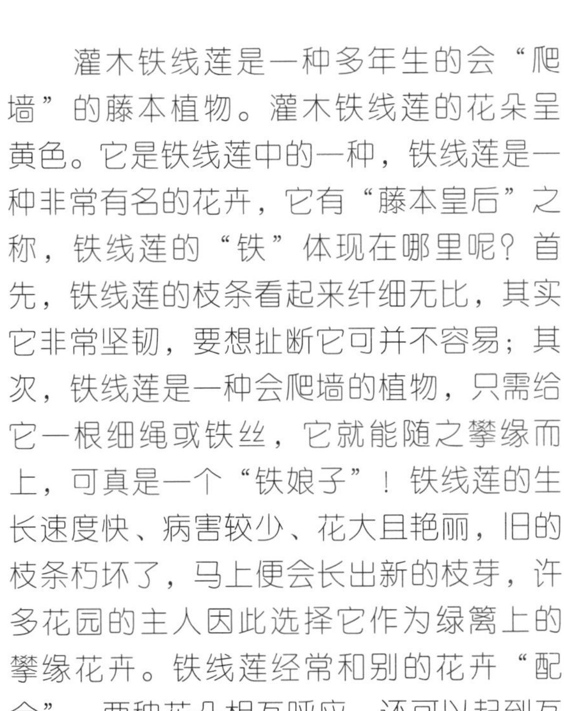

灌木铁线莲是一种多年生的会“爬墙”的藤本植物。灌木铁线莲的花朵呈黄色。它是铁线莲中的一种，铁线莲是一种非常有名的花卉，它有“藤本皇后”之称，铁线莲的“铁”体现在哪里呢？首先，铁线莲的枝条看起来纤细无比，其实它非常坚韧，要想扯断它可并不容易；其次，铁线莲是一种会爬墙的植物，只需给它一根细绳或铁丝，它就能随之攀缘而上，可真是一个“铁娘子”！铁线莲的生长速度快、病害较少、花大且艳丽，旧的枝条朽坏了，马上便会长出新的枝芽，许多花园的主人因此选择它作为绿篱上的攀缘花卉。铁线莲经常和别的花卉“配合”，两种花朵相互呼应，还可以起到互补的作用，这其中与铁线莲“配合”最默契的当属“花中皇后”了。

“藤本皇后”是铁线莲，那“花中皇后”是谁呢？其实，“花中皇后”就是我们最常见的月季，很多园艺爱好者会像举办一场茶话会似的，将这两位皇后汇集在一起，月季虽然四季开花，但如果只在园中种植月季，不仅显得非常单一，还会因为能看到下面的土地而影响美观。这时，铁线莲就起到了画龙点睛的作用，它枝繁叶茂，可以完美地遮挡住裸露的土地，给花园中的美景更加锦上添花。

毛茛

Ranunculus japonicus

■ 双子叶植物纲 ■ 毛茛目 ■ 毛茛科

毛茛可是被植物学家盯上的一种植物哦！它是一种具有原始结构的花，具有非常高的研究价值：如果你将它的雄蕊都拔走，你就会发现雄蕊竟然长在一个凸起的小柱状花托上，真是小小的身体蕴藏着许多的奥秘呢！在医学上，毛茛是一种具有两面性的药材。首先，它具有很强的杀菌、镇痛作用，还可以治疗疟疾等病症。其次，它体内含有的木犀草素等物质对呼吸系统和心脏的一些疾病有很好的效果。但与此同时，它也有不小的毒性，很多人接触毛茛后会皮肤发红、肿胀、水泡等皮肤炎症。

毛茛是一种多年生草本植物。毛茛的高度为70厘米左右，它长有圆心形或五角形的叶片。它的花果期时间很长，4~9月都是它开花结果的日子，毛茛的花朵不大，但它金灿灿的花色在山林中却十分显眼。

毛茛

分布地区：

黑龙江省、吉林省、辽宁省、内蒙古自治区等地

生长习性：

喜生于田野、湿地、河岸、沟边及阴湿的草丛中

主要价值：

药用

翠雀

分布地区：

云南省、四川省西北部、山西省、河北省、内蒙古自治区

生长习性：

耐旱植物，喜光植物

主要价值：

景观、药用

翠雀

Delphinium grandiflorum

■ 双子叶植物纲 ■ 毛茛目 ■ 毛茛科

翠雀并不是一种鸟类，它是一种多年生的草本植物，它的花朵外形独特，很像一只正在展翅的雀鸟，因此它便有了这样一个酷似鸟类的名字。翠雀最外层的5瓣并不是它的花瓣哦！那其实是它的萼片，而花瓣则是最中心小小的那两片，翠雀花非常美丽，但它的全身都有毒，尽量不要直接用手触碰，更不要食用哦！

关于翠雀花还有一个美丽的故事：在古代，有一个家族的人因遭受迫害而背井离乡，但是最终他们还是难逃死亡的命运，他们在死后化成了翠雀鸟，飞回了故乡，这些翠雀鸟降落在草地上变成了美丽的翠雀花，年年盛开在故乡的土地上，渴望正义和自由。

乳浆大戟

Euphorbia esula

■ 双子叶植物纲 ■ 大戟目 ■ 大戟科

乳浆大戟是一种多年生草本植物，它的高度为15~40厘米。乳浆大戟的生长范围非常广泛，无论是道路两旁、杂草丛中，还是沙丘上、草地间均有它的分布。乳浆大戟的花期在4~10月，金黄色的小花开在大大的“圆盘”中心，形状很像猫的眼睛，因此乳浆大戟又被称为猫眼草。

或许是因为猫咪的性格十分多变，因此猫眼草的花语便是善变。乳浆大戟的全株都可以入药，具有止咳化痰、杀虫解毒的功效。但需要注意的是，乳浆大戟也是一把“双刃剑”！如果你将乳浆大戟的茎秆掰断，白色的乳汁便会“喷涌而出”，你可不要小看这些乳汁，它可是有毒的！如果乳浆大戟的汁液过多地接触皮肤，那么就会导致皮肤发炎甚至溃烂，不慎食用则会引起消化道黏膜的肿胀、充血，甚至可以导致呼吸困难和昏迷！因此，如果我们在野外遇到它们，尽量不要触碰、采摘，更不可以食用哦！

乳浆大戟

分布地区：

遍布全国，除贵州省、云南省、西藏自治区、海南省

生长习性：

生于路旁、杂草丛、山坡、林下、河沟

主要价值：

经济价值、药用

狼毒花

分布地区：

黑龙江省、吉林省、辽宁省、内蒙古自治区等地

生长习性：

生于山坡或林下草丛中

主要价值：

药用

狼毒花

Stellera chamaejasme

■ 双子叶植物纲 ■ 桃金娘目 ■ 瑞香科

狼毒花又叫断肠草，是一种多年生草本植物，它的高度为20~40厘米。这种植物在北方地区俗称“闷头黄花”，当地的居民认为它是一种比野狼还要“毒”的植物，因此称它狼毒花。狼毒花的花期为5~6月，紫色和白色的小花紧密地挤在茎的顶端，远远看上去就像一根火柴，因此还有人称它火柴花。狼毒花有着极其强大的根系，它会将土壤中的养分和水分都吸收到自己身上，因此，有它生长的地方一般很少有其他植物生长。别看毒狼花生得极美，它可是个我们惹不起的家伙。同它名字中描述的那样，它的根、茎、叶中都含有很多毒素，如果不小心误食就会有生命危险。

狼毒花体内所含毒素的含量与它的根系有很大关系，根系越发达强壮，它所含的毒素就越强，科学家还通过它发明了许多杀虫剂。狼毒花是草原荒漠化的“警示牌”，是草原蜕变为沙漠的最后一道屏障，它可以生长的地方，表明土地的荒漠化已经比较严重了。在荒漠中行走的人看到它时，就意味着他们即将会看到生机勃勃的草原。

黄精

Polygonatum sibiricum

■ 单子叶植物纲 ■ 百合目 ■ 百合科

早在先秦、两汉时期，相传道家中就有许多人长期服用黄精，以求容颜永驻、长生不老。我们都知道，目前“长生不老”是不可能的事情，但科学家将黄精用于小型动物的实验显示，黄精的确有一定的抗衰老作用。黄精不仅具有抗衰老的作用，它还有利于调节血糖、补肾、提高免疫力、增强记忆力、预防老年痴呆等功效。

黄精是一种草本植物，它又被称作老虎姜，虽然它的别称中带有“姜”字，但是它并不是姜科的一种，而是百合科的一员。黄精的花期在5~6月，它的花朵呈白色或淡黄色。黄精被我们熟知是因为它身上的药用价值。黄精的根茎部可以入药，对健脾、润肺等都有非常好的疗效。在中国古代，黄精就是人们心中那个吃了可以“长生不老”的妙药。

黄精

分布地区：

黑龙江省、吉林省、辽宁省、内蒙古自治区等地

生长习性：

生长在林下、灌丛或山坡阴处

主要价值：

药用

玉竿

分布地区：

黑龙江省、辽宁省、内蒙古自治区、河北省等地

生长习性：

适宜生长在湿润、土层深厚、土壤疏松的地方，耐寒，忌强光直射

主要价值：

药用

玉竹

Polygonatum odoratum

■ 单子叶植物纲　■ 百合目　■ 百合科

玉竹是一种耐寒的百合科黄精属的草本植物，是原产于中国的一种植物。玉竹广泛分布于亚欧大陆的温带地区，生长在海拔500~3000米的山林田野或山野阴坡处，它具有较高的环境适应性，是一种比较耐寒的植物，但在盐碱地、黏土和容易发生涝灾等地无法生长。它具有圆柱形的根状茎，叶片呈椭圆形。玉竹的花期在5~6月，花朵呈黄绿色或白色。它的果期在7~9月，果实为肉质多汁的浆果，浆果呈蓝黑色，看起来就像一颗颗蓝莓果。每一颗浆果中都包含着7~9颗种子，期待某一天它们能够生根发芽。

玉竹凭借着一身药效，成为非常有名的一种药材，深得养生爱好者的喜爱。玉竹具有养胃、润肺等作用，它也寄托了古人对“长生不老”的向往。

黄花菜

Hemerocallis citrina

■ 单子叶植物纲 ■ 百合目 ■ 百合科

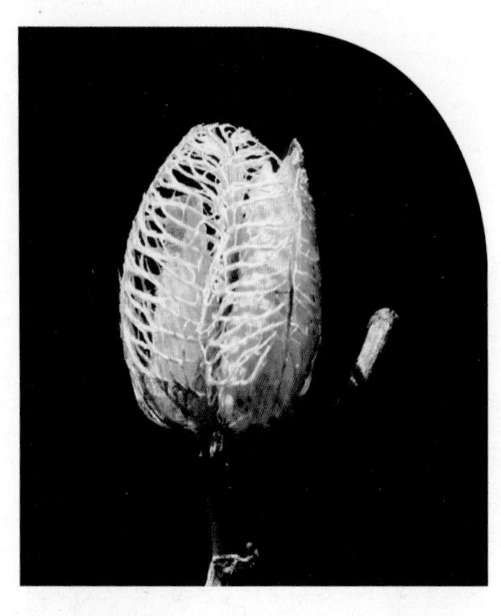

黄花菜的果实为蒴果，其中包裹着20多个黑色的种子，种子的表面有棱。黄花菜早在魏晋南北朝时期就以“萱草”这个名字出现在我们的视野之中。黄花菜具有食用价值，新鲜黄花菜的贮存要经过晾晒、蒸汽、微波等杀青方式，它与木耳、香菇、冬笋并称“四大珍品干货”。黄花菜不仅有观赏、食用价值，它还有药用价值，具有消炎止血、明目、安神等功效。

黄花菜是一种多年生草本植物，是内蒙古的特产之一，也是草原四大名花之一。黄花菜的植株一般都比较高大，它的花果期在5~9月，黄花菜花朵通常会在14:00~20:00之间开放，第二天11:00前便会凋谢，金黄色的黄花菜花朵盛开在辽阔的呼伦贝尔大草原上，绘成了一幅蓝天白云绿草加黄花的美丽风景画。

黄花菜

分布地区：

内蒙古自治区、河北省、山东省、河南省、陕西省等地

生长习性：

耐瘠、耐旱，对土壤要求不严，地缘或山坡均可栽培

主要价值：

药用

宿根亚麻

分布地区：

内蒙古自治区、河北省、山西省、陕西省、宁夏回族自治区

生长习性：

喜光照充足、干燥而凉爽的气候，耐旱，在偏碱土壤生长不良

主要价值：

园林绿化

宿根亚麻

Linum perenne

■ 双子叶植物纲 ■ 牻牛儿苗目 ■ 亚麻科

说到亚麻，我们都会想到那种摸起来涩涩的布料——亚麻布。亚麻是人类最早使用的天然植物纤维，因为它不仅透气性极好，还非常吸汗，又是一种对人体无害的纯天然纤维，因此被我们广泛应用于生活之中。宿根亚麻就是亚麻的一个野生种，它是一种多年生草本植物。宿根亚麻是一种寿命超过两年且在此期间会连续生长、多次开花结果的一种宿根花卉。

宿根亚麻的高度为40~50厘米，它的花期在6~7月，娇小可爱的淡蓝色花朵上长有5枚花瓣。宿根亚麻对环境有很强的适应性，生长速度也很快，再加上它的花型美、花量大，栽培和管理也十分方便，使它成为很受欢迎的园林绿化花卉。

柳兰

Epilobium angustifolium

■ 双子叶植物纲 ■ 桃金娘目 ■ 柳叶菜科

柳兰的花期在6~9月，它紫红色的花朵像在排队一样，将它细长的茎秆围绕起来。柳兰靠着高颜值，成为园林景观和插花作品中的“常驻嘉宾”。柳兰还被称为“蒙古神花”，世界上仅存的两处野生柳兰花花海，一处在英国，另一处就是内蒙古乌兰察布市辉腾锡勒草原上，一个名叫柳兰沟的地方。柳兰沟的占地面积约0.33公顷，区区0.33公顷的柳兰花花海就能使人流连忘返、过目不忘。许多柳兰花密集成片地生长在这里，微风拂过，便会掀起紫色的“波澜”，那场景让人感受到大自然的神奇。

在广阔的大草原上，生长着一种独特的植物，它的枝条似柳，花朵似兰，因此被称为柳兰。柳兰是一种多年生草本植物。生长在野外的柳兰，身高可达50~150厘米！有的个头都快要比人高了。

柳兰

分布地区：

黑龙江省、吉林省、辽宁省、内蒙古自治区、河北省等地

生长习性：

喜光植物，不耐炎热；耐寒性强，稍耐荫；适生于湿润肥沃、腐殖质丰富的土壤

主要价值：

食用、护林、药用

百里香

分布地区：
内蒙古自治区、河北省、山西省、陕西省等地

生长习性：
喜温暖，喜光和干燥的环境，对土壤的要求不高，但在排水良好的石灰质土壤中生长良好

主要价值：
生态、药用、食用

百里香

Thymus mongolicus

■ 双子叶植物纲　■ 管状花目　■ 唇形科

百里香是一种半灌木，它的花朵大多呈紫色和粉色，花期为7~8月。百里香的味道沁人心脾，其中的花蜜含量也很高，蜜蜂采蜜时往往会收获满满。百里香的英文单词来源于希腊语 “勇气”，因此，“勇气”便是百里香的花语。在中世纪的欧洲，将要出征的骑士会在临行前一天用百里香沐浴，出征时会被赠予百里香的嫩枝，人们希望百里香可以为他们带来非凡的勇气。你或许觉得百里香并不常见，其实它一直偷偷隐藏在我们身边！

我们经常吃的牛排等西餐中，它便会作为调味品出现。制作香料时，只需把百里香的叶子晒干、磨碎，便可以直接撒在食物上，它独特的芳香会使人食欲大开，真是想想都让人流口水！百里香不仅是开花的香，做成香料也是香百里啊！百里香的药用价值非常高，消化不良、感冒咳嗽等病症，在它面前都是小菜一碟！

射干鸢尾

Belamcanda chinensis

■ 单子叶植物纲 ■ 百合目 ■ 鸢尾科

射干鸢尾是一种多年生草本植物，射干鸢尾的叶片呈剑形，长度可达20~60厘米，宽度为2~4厘米，射干鸢尾花为橙红色，花瓣上散布着许多红褐色的斑点，它的花期为6~8月。射干鸢尾的果期为7~9月，它的果实为蒴果，颜色呈黄绿色，形状呈倒卵形或长椭圆形，当它成熟的时候，果实便会裂开，果瓣外翻，这时，你就会看到它黑紫色的种子生长在果轴上。

射干鸢尾大部分生长在海拔较低的树林边缘或山坡草地之上，但在西南地区，即使是海拔2000~2200米的山区也有它的存在。你知道吗，射干鸢尾中的“射”字应该读作“yè”。射干虽然是鸢尾科的一种植物，但其实它和鸢尾一点关系都没有，射干鸢尾和鸢尾叶片的形状、质感、颜色都不一样，完全就是两种独立的植物，就连作为药材它们各自的功效都不一样，鸢尾的提取物有活血化瘀、美容养颜的作用，而射干鸢尾则对消化不良等病症有很好的疗效，因此，我们在生病的时候可不能盲目选取药材哦！

射干鸢尾

分布地区：

中国大部分省区

生长习性：

喜温暖和阳光，耐干旱和寒冷，对土壤要求不严，山坡旱地均能栽培，以肥沃疏松

主要价值：

药用、园林绿化

并头黄芩

分布地区：

黑龙江省、辽宁省、内蒙古自治区、河北省等地

生长习性：

生长于海拔 2100 米以下的草地或湿草甸

主要价值：

生态

并头黄芩

Scutellaria scordifolia

■ 双子叶植物纲 ■ 唇形目 ■ 唇形科

并头黄芩又叫山麻子、头巾草，是一种多年生草本植物，它的高度为12~36厘米。并头黄芩的花期在6~8月，在这个时期，它便会绽放出蓝紫色或黄白色的花朵。所有的黄芩花都是蓝紫色和黄白色的，我们要如何分辨它们呢？并头黄芩有一个最具辨识度的特点，那就是它的花朵好像在争奇斗艳一样，总是两两“齐头并进”地开放，这也是它的名字——并头黄芩的由来。

你喝过黄芩茶吗？黄芩茶就是内蒙古许多地方有名的“黄金茶”，具有降温和下火的作用，它是由黄芩的茎叶制成的，嫩叶制成的黄芩茶是其中的“优等生”。黄芩的根也可以入药，能起到安胎、止血等作用。

柳穿鱼

Linaria vulgaris Mill

■ 双子叶植物纲 ■ 管状花目 ■ 玄参科

“一条柳枝穿上一串金鱼，却怎么不是倒垂，而是直立？倒不如说，一群金鱼窜进了水藻，这形象岂不是更生动而又佳妙？”这段对柳穿鱼的描述出自一代文学大师郭沫若的作品《柳穿鱼》。柳穿鱼这个名字非常容易让人误以为它是一种鱼类，其实柳穿鱼是一种多年生草本植物，它的高度可达80厘米。柳穿鱼的花期为6~9月，它的花朵常见的颜色有淡黄色、粉红色、蓝紫色，它的花语是顽强。

柳穿鱼这个名字来源于它的外形特点，它的枝条似柳，花像鱼，有“小金鱼草”之称。柳穿鱼与金鱼草有一个非常显著的区别，那就是柳穿鱼的茎上没有毛，而金鱼草的茎上却生有一些绒毛。它的生命力非常顽强，是一种抗旱植物，有防风固沙的能力。你知道吗？关于柳穿鱼还有一个美丽的传说。传说在古罗马帝国时期，有许多邪教组织，它们妖言惑众，严重影响了社会稳定。一位牧羊人挺身而出揭露邪教的荒谬言辞，使人们摆脱邪教控制，但他却无法摆脱被报复杀害的命运，他死在了草原上，在他死去的土地上长出了一种陌生的花朵，人们称它为正义之花，它就是柳穿鱼。

柳穿鱼

分布地区：

内蒙古自治区等地

生长习性：

有较强的耐寒性，生长在阳光充足或者是半阴半阳处

主要价值：

观赏、药用、经济

细叶百合

分布地区：
黑龙江省、吉林省、辽宁省、内蒙古自治区等地

生长习性：
喜土层深厚、疏松、肥沃、湿润、排水良好的沙质壤土或腐殖土

主要价值：
观赏、药用、食用

细叶百合

Lilium pumilum

■ 单子叶植物纲　■ 百合目　■ 百合科

细叶百合是一种多年生的草本植物，分布在北方大部分地区。“山丹丹的那个开花呦，红艳艳。”其实，这首歌曲中所唱的红艳艳的山丹丹花就是细叶百合。细叶百合的叶片呈线形，叶片中脉下面突出并且边缘有乳头状突起。细叶百合的地下鳞茎呈白色，形状卵形或圆锥形。细叶百合的花瓣向外翻转，有些品种的花瓣上还长有斑点，花药黄色，长椭圆形，是内蒙古的六大名花之一。

每逢7~8月，我们走在野外的草地、山坡上或是林中，就会看到在绿油油的草地中盛开着火红的山丹丹花，它们的生命力很顽强，只要有土层，即便在悬崖峭壁上也能生长发育，是百合属中分布最广的一种植物。

蒲公英

Taraxacum mongolicum

■ 双子叶植物纲 ■ 桔梗目 ■ 菊科

蒲公英又叫黄花地丁、婆婆丁，是一种多年生草本植物，它的花果期在4~5月，每当这个时候，我们就可以在各个地方见到它们的身影，不是小绒球，就是一朵金灿灿的小黄花。它的每一个小绒毛都包裹着一颗小小的种子，清风或是顽皮的小朋友都是蒲公英种子的“搬运工”。你知道吗，蒲公英还有很高的药用价值，它具有清热解毒、消炎健脾的功效，是中药的“八大金刚”之一。

小时候最喜欢的植物就是蒲公英，它看起来就像一根毛茸茸的棒棒糖！只要对着它吹一口气，它身上的“小伞兵”就会随之飘散，使它变成了一个“秃子”。

蒲公英

分布地区：

黑龙江省、吉林省、辽宁省、内蒙古自治区等地

生长习性：

广泛生长于中、低海拔地区的山坡草地、路边、田野、河滩

主要价值：

药用、食用、美容

牻牛儿苗

分布地区：

黑龙江省、吉林省、辽宁省、内蒙古自治区等地

生长习性：

生于干山坡、农田边、沙质河滩地和草原凹地

主要价值：

药用

牻牛儿苗

Erodium stephanianum

■ 双子叶植物纲　■ 牻牛儿苗目　■ 牻牛儿苗科

牻牛儿苗是一种多年生草本植物，它的高度一般为15~50厘米。牻牛儿苗的花期是6~8月，它盛开时花朵呈紫色，具有五片花瓣，花瓣上还有深紫色的美丽花纹从花朵中心部一直延伸到花瓣外缘。牻牛儿苗的属名为“ErodiumL'Herit.”，其中“Erodium”是希腊语“鹭”的意思，牻牛儿苗属名的灵感来源于它奇特的果实。它的果实顶端具有像鹭的喙一样的、长约4厘米的长喙，因此，它也被称作“老鸦嘴”“老鹳嘴”。

不仅如此，牻牛儿苗的种子可以自己向土壤深处钻去！当它的种子落到土壤上时，它就会随着空气中含水量的变化将长喙扭曲成螺旋，进而产生一种类似拧螺丝那样的力，不断使它向更加温暖、更加湿润的土层伸去，增加自身的成活率。牻牛儿苗的全草都可以入药，不仅具有抗菌作用，还有强筋健骨等作用。牻牛儿苗的全草还可以用来提取黑色染料，具有一定的经济价值！

野罂粟

Papaver nudicaule

■ 双子叶植物纲 ■ 罂粟目 ■ 罂粟科

果实中“藏着”许多近肾形的褐色种子，虽然体形较小但表面还长有许多条纹和蜂窝似的小孔穴，真是“麻雀虽小五脏俱全”啊。野罂粟没有毒性，花开艳丽，因此经常被用来观赏，具有很好的观赏价值。法国著名印象派画家莫奈便有许多描绘罂粟花田的作品。野罂粟不仅具有观赏价值，它还有药用价值，它的果实、果壳或带花的全草具有镇痛、镇咳、镇静等作用。

野罂粟又名山大烟、山米壳等，是一种多年生草本植物，它的高度可达20~60厘米。野罂粟中含有乳汁，它的花期在6~7月，花朵有四片花瓣，呈橘黄色，又大又鲜艳。野罂粟的果实为蒴果，呈狭倒卵形、倒卵形或倒卵状长圆形，表面密密麻麻分布着许多刚毛。

野罂粟

分布地区：

黑龙江省、吉林省、内蒙古自治区、河北省、甘肃省、湖北省

生长习性：

耐寒，怕暑热，喜阳光充足的环境，喜排水良好、肥沃的沙壤土

主要价值：

园林观赏

女蒿

分布地区：
内蒙古自治区

生长习性：
耐旱、耐寒、耐瘠薄

主要价值：
畜牧

女蒿

Ajania trifida

■ 双子叶植物纲 ■ 桔梗目 ■ 菊科

女蒿是一种高度为20厘米的小半灌木，它生长在海拔900~1400米的荒漠草原之中。在中国，它主要分布在内蒙古自治区中部地区。女蒿的老枝比较弯曲，表皮干裂。它的花茎细长，没有分支，呈灰白色，上面还有柔毛分布。女蒿的叶片呈灰绿色，形状为匙形或楔形，所有的叶片都被白色的柔毛覆盖着。女蒿的地下部分具有直根系，它的主根非常粗壮，可以延伸至40厘米左右的土层中。

女蒿的花期在6~8月，它会绽放出黄色的花朵，细细地花梗支撑着它们，一起排列在茎的顶端。女蒿还是一种中等饲草，许多牲畜都非常喜欢它，给羊喂女蒿还具有增肥增壮的作用。在冬季的时候，它的枝条保留得较为完好，成为冬季荒漠草原牧场的重要饲草。

蒙古扁桃

Amygdalus mongolica

■ 双子叶植物纲 ■ 蔷薇目 ■ 蔷薇科

它的花期为4~5月，正是在这个“人间四月芳菲尽，山寺桃花始盛开的”季节，蒙古扁桃在荒凉的荒漠中悄悄盛开，为这充斥着沙土气息的荒漠之地增添了生命的色彩。蒙古扁桃粉红色的花朵仿佛在告诉我们，即便身处极端的环境，也要努力绽放出自己的光彩。蒙古扁桃的生长非常缓慢，它要想长到1米的个头，也得经过20多年的时间。生长缓慢的它们还经常会成为牲畜们的盘中餐，这也是导致蒙古扁桃数量日益减少的一个原因。蒙古扁桃是我国稀有植物，被誉为“植物中的大熊猫”。

蒙古扁桃是一种高1~2米的灌木，它生长在荒漠或荒漠草原的山坡、丘陵等地，是一种十分珍稀的野生植物。蒙古扁桃又称山樱桃。蒙古扁桃新生的嫩枝是红褐色的，“饱经岁月”后变成灰褐色。

蒙古扁桃

分布地区：

内蒙古自治区、宁夏回族自治区、甘肃省

生长习性：

有耐旱、耐寒和耐瘠薄的特性

主要价值：

研究价值、药用

华北驼绒藜

分布地区：
吉林省、辽宁省、河北省、内蒙古自治区、山西省等地

生长习性：
抗旱、耐寒、耐瘠薄，适应性极强

主要价值：
饲料、肥料、生态

华北驼绒藜

Ceratoides arborescens

■ 双子叶植物纲 ■ 中央种子目 ■ 藜科

华北驼绒藜是一种中国本土的旱生半灌木植物，它的高度可达1~2米。华北驼绒藜的叶片较大，叶柄较短。它的叶片呈披针形，长度可达7厘米。它的花果期为7~9月，当它处于果期的时候，便会长出许多类似驼绒的长毛，它结出的果实也被许多绒毛所包裹，它的名字也因它酷似驼绒的绒毛而来。华北驼绒藜喜欢生长在荒地、沙地等相对干旱的土地上，它的根系非常发达，可以一直延伸到土壤深处来吸取其中的水分和养分，对干旱地带保持水土和防风固沙起到很大的作用。

华北驼绒藜的花朵可以入药，对肺结核、气管炎、支气管炎等疾病都有一定的治疗效果。不仅如此，它既是一种营养丰富的优良饲料，还是山区的有机肥来源之一。

刺旋花

Convolvulus tragacanthoides

■ 双子叶植物纲 ■ 管状花目 ■ 旋花科

刺旋花生长在石缝之中以及戈壁滩地带，盐渍化不怎么强的土地也是它生长的环境。刺旋花作为一种极耐旱的植物，它的叶片也变得很细长，大大减少了自身水分的流失。在刺旋花坚硬的小枝上长着许多刺，它满身的尖刺是它的防身武器，许多食草动物都不愿意以它为食，使它得以幸存，即使是牧民也对它没有什么“非分之想”。刺旋花的根系非常发达，可以起到很好的防风固沙作用，是“荒漠改造队”的重要成员之一。我们除了可以在干旱的野外看到它的身影，它还凭借着优美的株型等外观优势成为盆景中的重要角色，被众多“盆友”们喜爱。

刺旋花是一种灌木，它的高度为15厘米。刺旋花的花期为5~7月，花朵呈鲜艳的粉色，它的叶片上覆盖了一层银灰色的绒毛。生长在内蒙古的刺旋花会在8~9月结出果实，它的果实为蒴果，外表有绒毛覆盖，种子无毛，呈卵圆形。

刺旋花

分布地区：

内蒙古自治区、河北省、山西省、宁夏回族自治区、甘肃省、新疆维吾尔自治区、四川省

生长习性：

生长在半荒漠区的干燥山坡、山麓、山前丘陵和山间盆地

主要价值：

饲料、蜜源、环境

蒙古荚蒾

分布地区：

内蒙古自治区、河北省、山西省、河南省等地

生长习性：

生长于海拔 800~2400 米的山坡疏林下或河滩地，抗寒、抗旱、耐阴

主要价值：

园林

蒙古荚蒾

Viburnum mongolicum

■ 双子叶植物纲 ■ 茜草目 ■ 忍冬科

蒙古荚蒾是忍冬科荚蒾属的一种落叶灌木，它的高度可达2米。在它的幼枝、幼叶、叶柄和花序上都覆盖着簇状的短毛。蒙古荚蒾二年生的小枝呈黄白色，纸质的叶片呈宽卵形至椭圆形。蒙古荚蒾的花期在5月，含苞待放的蒙古荚蒾像一个个小圆筒一样挂在小柄上，每当花期一到，它就会绽放出淡黄色或白色的小花。蒙古荚蒾的果期在9月，它的果实呈椭圆形，随着果实的逐渐成熟，颜色也会由红变为黑色。

聚伞形的花序使它看起来就像一个一个小花球，显得格外好看，因此，蒙古荚蒾还具有另外一个名字——蒙古绣球花。蒙古荚蒾将优美的花序、独特的果实、枝繁叶茂等优点汇聚于一身，具有极高的观赏价值，深受人们的喜爱。

华北蓝盆花

Scabiosa tschiliensis

■ 双子叶植物纲　■ 茜草目　■ 川续断科

华北蓝盆花的花期在7~8月，花朵呈蓝紫色，为头状花序，许多的小花共同组成了一个非常像向日葵的“大花”，看起来就像是一个倒扣的盆子，这也是它名字的由来。华北蓝盆花的果期在8~9月，它的果实为瘦果，呈卵形或卵状椭圆形，当果实脱落的时候，它的花托就会变成长度约1.3厘米的圆棒。华北蓝盆花还是一种中药材，它的体内富含黄酮类、皂苷类、多糖类成分，对高血压、肝炎等疾病都能起到非常好的治疗作用。

华北蓝盆花是一种川续断科，蓝盆花属的植物，它是多年生草本植物。华北蓝盆花又被称为“山萝卜”，它生活在相对干燥的沙丘、干旱的山坡上。华北蓝盆花的高度可达60厘米，叶片呈卵状披针形或窄卵形至椭圆形，它的根的外表为棕褐色，内部则呈黄色，根部粗壮，直径可达2厘米。

华北蓝盆花

分布地区：

黑龙江省、吉林省、辽宁省、内蒙古自治区

生长习性：

生长在海拔 300~1500 米山坡草地或荒坡上

主要价值：

观赏、药用

大水域

在水里生活、生长的不仅仅有水生动物，很多植物也可以在此生根发芽，它们有的潜入水底，有的浮于水面，有的还可以在水中亭亭玉立。为了适应潮湿的生活环境，植物们一改往日的形态，将它们的叶片变软甚至变为丝状，凭借着发达的通气组织，与鱼儿们一同生活在这充满活力的水域之中。水生植物按生活方式可以分为：挺水植物、浮叶植物、沉水植物、漂浮植物、湿生植物。

扫码立领
- 本书讲解音频
- 配套电子书
- 自然卡片
- 科普笔记

挺水植物

荷花、芦苇等植物就是挺水植物。挺水植物的植株比较高大，它们大多数都有茎、叶之分。挺水植物的根或者地茎会扎入水底的泥土之中，而植物的上部则会挺出水面。

浮叶植物

睡莲等植物就是一种浮叶植物，浮叶植物具有发达的根状茎，它们的地上茎比较细弱甚至没有地上茎，因此不能直立，只有叶片漂浮在水面之上。

沉水植物

金鱼藻等植物就是沉水植物，沉水植物是一种根茎生长在水底的泥土中，整个植株都沉浸在水中的水生植物。沉水植物具有发达的通气组织，这些通气组织能够帮助它们在水下进行气体交换。它们的叶片都比较狭长，有些沉水植物的叶片呈细丝状，这有利于它们吸收水中的营养。这些植物并不是在一味地索取，它们为水中的生物们提供生存必需的溶解氧。不仅如此，它们还对水体的富营养化有一定的改善作用。

薄荷

Mentha canadensis

■ 双子叶植物纲 ■ 唇形目 ■ 唇形科

薄荷的果期在10月，果实为坚果，呈卵珠形，黄褐色的果实还长有小腺窝。说到薄荷，我们就会想到它提神清脑的香气，它含有薄荷油、薄荷醇、薄荷酮、迷迭香酸等成分，因此味道清凉，常常被用来制作料理或甜点。不仅如此，薄荷还具有净化空气、驱蚊等作用。在医学上，薄荷也颇有建树，它具有清热解暑、增进食欲、助消化、消炎止痛等功效。

薄荷是一种多年生草本植物，它的高度为30~60厘米。薄荷的叶片呈长圆状披针形、椭圆形或卵状披针形，也有部分种类呈长圆形，叶片边缘基部以上部分还稀疏排列着与牙齿形状类似的锯齿。薄荷的花期在7~9月，薄荷花呈淡紫色，一朵朵小花聚在一起组成了好看的轮伞花序。

薄荷

分布地区：
全中国

生长习性：
薄荷为长日照作物，性喜阳光

主要价值：
食用、药用

毒芹

分布地区：

黑龙江省、吉林省、辽宁省、内蒙古自治区、河北省

生长习性：

生长于海拔 400~2900 米的杂木林下、湿地或水沟边

主要价值：

药用

毒芹

Cicuta virosa

■ 双子叶植物纲 ■ 伞形目 ■ 伞形科

毒芹是一种多年生的草本植物，它的高度可达1米以上。它的叶片呈三角形或倒三角状披针形，边缘还有像羽毛一样分裂的锯齿。虽然毒芹的主根较短，但它的支根却很发达。它的根呈肉质或纤维状，根状茎上还长有节，节与节之间有横膈膜相隔。毒芹的茎中空，呈圆筒形，表面还有条纹。毒芹的花果期在7~8月，花朵呈白色。

毒芹是剧毒植物，它的毒素遍布全身，毒素大多集中在根部。如果不小心误食毒芹，很快便会有中毒反应，食用者会始终处于兴奋状态，口腔、咽喉部会有灼烧和刺痛感，严重者会窒息而死。

柳叶旋覆花

Inula salicina

■ 双子叶植物纲 ■ 桔梗目 ■ 菊科

柳叶旋覆花的上部叶比较小，中部叶比较大，呈椭圆或长圆状披针形，叶片的长度可达3~8厘米，叶脉下部常常有稀疏的绒毛分布；它的下部叶往往在它花期的时候就会凋落，形状为长圆状匙形。在我国，柳叶旋覆花的茎下部常常会有较多的硬毛分布。柳叶旋覆花的果期在9~10月，果实为瘦果，果实上有细沟以及棱分布，无毛。柳叶旋覆花的花期为7~9月，我们经常可以在一些唯美的壁纸图中看到它的“美照”。

柳叶旋覆花长得像个小太阳，它又叫疏毛柳叶旋覆花，是高度为30~70厘米的多年生草本植物。柳叶旋覆花又被称为“歌仙草”，它因叶片很像柳叶而得名。

柳叶旋覆花

分布地区：

黑龙江省、吉林省、辽宁省、内蒙古自治区、河南省

生长习性：

生长于寒温带及温带山顶、山坡草地、半温润和湿润草地

主要价值：

药用

花蔺

分布地区：

黑龙江省、内蒙古自治区、河北省、山西省

生长习性：

喜阳光充足之处，其喜温暖，较耐寒

主要价值：

食用、药用

花蔺

Butomus umbellatus

■ 单子叶植物纲 ■ 沼生目 ■ 花蔺科

花蔺这个名字我们非常陌生，它是一种多年生草本植物，是生长在湖泊、沼泽等地的挺水植物。花蔺的花期为7~9月，花呈淡红色，形状就像个六芒星，小小的花朵长在它又细又长的花梗顶端，静静地立在水面上，别有一番清新脱俗的韵味，具有很高的观赏价值。花蔺还具有一定的药用价值，对毒蛇咬伤、疮痈肿毒等病症都具有一定的功效。

不仅如此，花蔺还可以被拿来酿酒，它的根中含有高达40%的淀粉，用它酿的酒可谓是醇香浓厚，酒的度数可以达到60°！许多喜欢喝烈酒的人就会经常去河湖边寻找花蔺来制作佳酿。

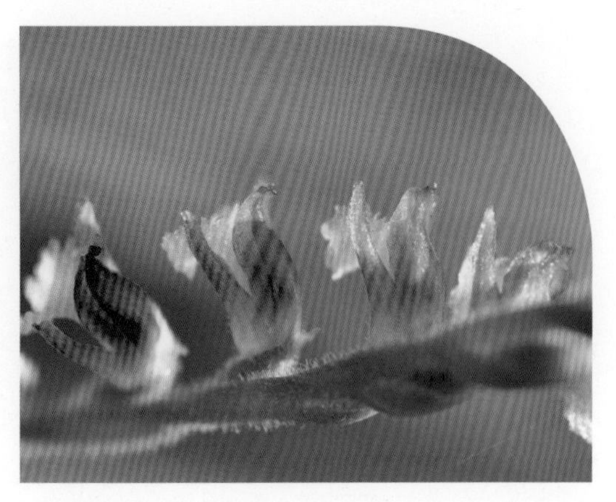

绶草

Spiranthes sinensis

■ 木兰纲 ■ 天门冬目 ■ 兰科

绶草的花期在7~8月。绶草花的形态可不是人为的哦，它的花朵生来就是这样，像一条绶带一样缠绕在茎秆上，它的名字便也由此而生。绶草被誉为“通往天国的阶梯”。它的根又短又粗，和人参的根非常相似，加上它的花朵如长龙般盘旋缠绕的特点，绶草也因此被称作盘龙参。

绶草是一种多年生草本植物，它的高度为13~30厘米，是国家二级保护植物，也是世界上最小的兰花。绶草的叶片常呈宽线形或宽线状披针形，它分布在海拔200~3400米的山坡林下、河滩沼泽草甸之中。

绶草

分布地区：

蒙古国，中国的山东省、陕西省、甘肃省等地

生长习性：

生长于海拔 200~3400 米的山坡林下、灌丛下、草地或河滩沼泽草甸、时令性湿地中

主要价值：

药用

金莲花

分布地区：
吉林省、辽宁省、内蒙古自治区、河北省、山西省、河南省

生长习性：
喜冷凉湿润环境，多生长在海拔 1800 米以上的高山草甸或疏林地带

主要价值：
食用、药用

金莲花

Trollius chinensis

■ 双子叶植物纲 ■ 毛茛目 ■ 毛茛科

金莲花是一种一年生或多年生的草本植物，它的高度为30~100厘米，又称旱金莲、陆地莲。金莲花，花如其名，它的花朵呈金黄色，花的形态像极了“花中仙子”——莲花，具有很高的观赏价值。金莲花耐寒，它生长在高海拔，温度在2~15℃之间的山区草甸之中，因此我们很少能在草原、丘陵中见到它的身影。金莲花生长的地方也很少有别的花卉生长，金莲花花期为每年的2~5月，从冬末一直盛开到春末。

每年，河北的小五台山上都会盛开大片的金莲花，许多游客以及登山爱好者纷纷前往此地打卡。如今我们的生活中，最常见到的金莲花大多都是以药品的身份出现的，每当我们感冒咳嗽时，金莲花便可以起到清热解毒的功效。

拂子茅

Calamagrostis epigeios

■ 单子叶植物纲 ■ 禾本目 ■ 禾本科

在我们的眼中，拂子茅就是一丛一丛个头挺高但不起眼的野草，其实，它是水生植物中重要的观赏植物之一，具有一定的观赏价值。拂子茅的身形挺拔，高高地直立在那里，成片种植的拂子茅被微风吹动，羽毛般的花穗随之摇摆，那场景如同田野中掀起的麦浪。它在许多的园林设计中出场率极高，居民们将它种植在家里的小院中，也是别有一番风味。

拂子茅是一种多年生草本植物，它的高度可达1米。拂子茅的花穗很大，花期在5~9月。记得小的时候，我们经常会用指尖顺着它直立的茎秆从下往上捋，所有的花穗就都会留在我们的掌心，真是妙趣无穷。

拂子茅

分布地区：

中国大部分省区

生长习性：

生长于海拔 160~3900 米的潮湿地及河岸沟渠旁

主要价值：

牲畜、抗盐碱、固沙

芦苇

分布地区：
中国大部分省区

生长习性：
生于江河湖泽、池塘沟渠沿岸和低湿地

主要价值：
生态、经济、园林、畜牧、药用

芦苇

Phragmites communis

■ 单子叶植物纲 ■ 禾本目 ■ 禾本科

芦苇是我们生活中非常常见的一种挺水植物，具有十分发达的根状茎，茎秆直立，身上具有20多个节，高度可达1~3米。芦苇的叶片呈披针状线形，叶片上并没有毛。中国最早的诗歌总集《诗经》中非常有名的诗句："蒹葭苍苍，白露为霜。所谓伊人，在水一方。"这其中的"蒹"就是芦苇，"葭"则是另外一种水生植物——荻草，芦苇和荻草通常会一起在湿地、湖边等地区出现。

芦苇的高度有1~3米，它又长又直的茎秆是空心的，有利于它水下部分的呼吸。芦苇往往成丛生长，它高高的身躯为许多动物提供了极好的隐蔽之所，许多鸟类还会在芦苇丛中栖息筑巢。

小香蒲

Typha minima

■ 单子叶植物纲 ■ 露兜树目 ■ 香蒲科

小香蒲的茎秆高大直立，非常光滑。小香蒲具有姜黄色或黄褐色的根状茎，根状茎的顶端呈乳白色。在生活中，小香蒲不仅有很高的观赏价值，它还可以被用来造纸。不知道你有没有摸过小香蒲，它们摸起来就像棉花，很有弹性。如果你用力一捏，它便会像开花似的“炸开”，许多白色的绒毛便会随风“逃之夭夭”，这些绒毛就是小香蒲的种子。在秋天，小香蒲的果实成熟后，风就会将它的种子送到空中，种子们便踏上旅程，寻找新的家园。

图片中这个长得像小型“烤香肠”的植物就是小香蒲。小香蒲是一种多年生草本植物，它的花果期在5~8月，当我们行走在池塘边或河湖边上，就能看到许多像被插在竹签上的小烤肠一样的它们。

小香蒲

分布地区：

黑龙江省、吉林省、辽宁省、内蒙古自治区等地

生长习性：

沼生植物，抗旱能力差，在较干燥的土壤上一般没有生长

主要价值：

饲用、观赏、造纸

水烛

分布地区：

黑龙江省、吉林省、辽宁省、内蒙古自治区等地

生长习性：

性耐寒，喜光照，对土壤要求不严，适应性强

主要价值：

药用、食用、观赏、经济价值

水烛

Typha angustifolia

■ 单子叶植物纲 ■ 露兜树目 ■ 香蒲科

水烛是香蒲科，香蒲属的一种多年生草本植物。因模样很像是一根根蜡烛立在水面上，所以得名“水烛”。水烛具有乳黄色或灰黄色的根状茎，它的花果期在每年的6~9月，果实呈长椭圆形，上面分布有褐色的斑点，还具有纵向的裂纹。水烛看起来和小香蒲非常像，但它们二者之间还是有非常大的差别。首先，水烛是个“大高个”，它的高度可以达到3米，能比小香蒲高出1米左右。其次，水烛的叶子不仅比小香蒲的叶子颜色更深一些，水烛的叶子也更加细、更加厚。

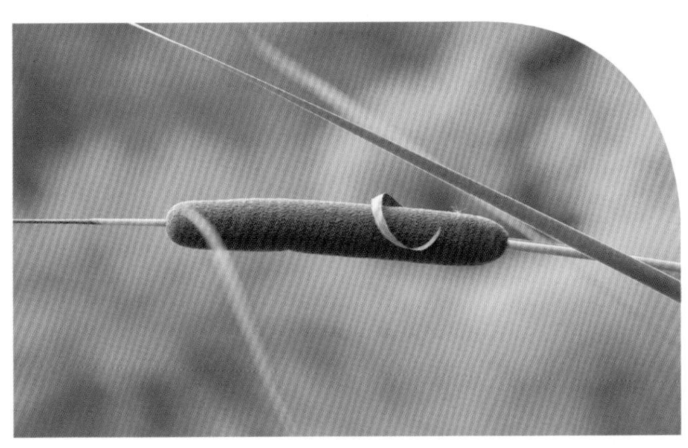

水烛又被称为蒲绒，具有一定的药用价值，水烛在作为一种中药材的时候被称为“蒲黄”，如果你的手划破了，还可以用它来止血。不仅如此，经油泡过后的蒲绒真的可以像它的名字那样当做蜡烛来燃烧。

大荒漠

在生态环境恶劣的荒漠中，伫立着这样一群“卫士”，它们身上扛着防风固沙的重担，它们用自己的身体守护着这一片土地，它们就是旱生植物。

旱生植物生长在环境极度干旱的地区，它们为了适应恶劣的环境，逐渐演化出各种各样的形态和结构。植物们变得又矮又粗，它们的叶片变得极小甚至“舍弃”了叶片，幼枝和幼茎干起了叶片的“工作”，它们在皮层细胞或其他组织中蕴藏了丰富的叶绿体，代替叶片进行光合作用，补充生长所需的营养。为了“喝水”，它们的根不断向土层深处生长，有的还形成了可以储存水分的地下器官。这一切的一切都是为了两个字——活着。

瓣鳞花

Farankenia pulverulenta

■ 双子叶植物纲 ■ 侧膜胎座目 ■ 瓣鳞花科

瓣鳞花的花瓣有5瓣，粉色、白色的花朵小巧可爱，星星点点地散布在肉乎乎的嫩绿色叶片之中，果实为蒴果。瓣鳞花有非常高的研究价值，是一种非常古老的孑遗植物。它在我国只有甘肃省、内蒙古自治区、新疆维吾尔自治区零星分布，极其稀少，在1991年就已经被列为濒危植物，是国家二级保护野生植物。瓣鳞花还具有一个非常有趣的特点——出汗，它可以通过茎叶表面密布的用于排放盐水的盐腺来排出体内多余的盐分，因此，它“出汗”的能力还有利于盐碱地的改良。

瓣鳞花是一种一年生草本植物，也是一种生长在荒漠和沙漠等地非常耐盐、抗旱的植物。瓣鳞花的高度为6~16厘米，它的叶片较小，呈倒卵形或较为狭长的倒卵形，叶片的长度仅2~7毫米。

瓣鳞花

分布地区：
内蒙古自治区、甘肃省、新疆维吾尔自治区

生长习性：
喜生于干旱区内潮湿并轻度盐渍化的土壤上，最适宜土质松软的沙质壤土

主要价值：
研究价值、 改良盐碱地

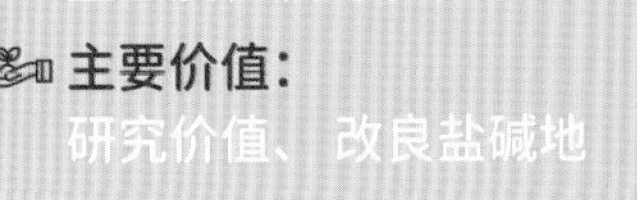

沙冬青

分布地区：

内蒙古自治区、宁夏回族自治区、甘肃省

生长习性：

抗旱性、抗热性强，耐寒、耐盐、耐贫瘠，保水性强

主要价值：

固土、药用、护林

沙冬青

Ammopiptanthus mongolicus

■ 双子叶植物纲 ■ 蔷薇目 ■ 豆科

沙冬青是一种高度约1~2米的常绿开花灌木，是北方干旱的半荒漠地区唯一的一种旱生常绿阔叶灌木，也是国家二级重点保护野生植物。沙冬青的树皮为黄绿色，它的叶片、茎部都长有银白色的绒毛。沙冬青会在每年5~6月结出果实，它的果实为荚果。沙冬青的花期在4~5月，花朵呈鲜艳的黄色，它在人类还没有出现的新生代初期就已经在地球上盛开了。

沙冬青的抗逆境能力极强，在极度缺水的情况下也可以正常生长，但是再顽强的生命力也无法与人类的威胁抗衡，由于人类的过渡采摘，沙冬青已经濒临灭绝。为了保护它，国家严令禁止私自樵伐，在2002年6月29日，为呼吁大家保护沙地植物，中国邮政还发行了一套以它和其余3种沙漠植物为主题的邮票。

甘草

Glycyrrhiza uralensis

■ 双子叶植物纲 ■ 蔷薇目 ■ 豆科

甘草的叶片长5~20厘米，花期在6~8月，花朵呈紫色、白色或黄色。它的果期在7~10月，果实通常是一种像镰刀一样弯曲的荚果，荚果之中包含着3~11颗圆形或肾形的种子，种子呈深绿色。甘草被称为是“中药帝师”，可见它在中药药材中的地位。甘草在东西方各国都被用来治疗疾病，但因为甘草的味道极甜，它的甜度甚至比甘蔗要高，因此，西方国家更喜欢把甘草当做甜味剂使用。

甘草又叫国老、甜草，是一种多年生草本植物。甘草喜光抗旱，它的根部和根状茎都比较粗壮，褐色的外皮内包裹着具有甜味的黄色内瓤，这里便是我们拿来入药的部位。

甘草

分布地区：

黑龙江省、吉林省、辽宁省、内蒙古自治区等地

生长习性：

适宜在土层深厚、土质疏松、排水良好的沙质土壤中生长

主要价值：

药用

四合木

分布地区：

内蒙古自治区、宁夏回族自治区

生长习性：

生长的土壤环境多石和多碎石的漠钙土且土壤干燥、瘠薄

主要价值：

饲用、研究

四合木

Tetraena mongolica

■ 双子叶植物纲 ■ 牻牛儿苗目 ■ 蒺藜科

四合木是一种落叶灌木，它生活在土壤干燥、贫瘠的荒漠化草原地区，具有极强的抗旱能力。四合木的来头可不小，它可是植物界中的骨灰级植物，是国家二级保护植物。它早在恐龙生活的侏罗纪时期就已经出现了，是最具有代表性的古老残遗物种，被誉为“植物的活化石”“植物大熊猫”。在中国，四合木只有在内蒙古南部与宁夏交界处有比较大范围的分布，是内蒙古一级保护植物。

四合木对研究古生物、古地理环境以及全球变化具有非常高的价值。但由于人类过度樵采、人工培育难度大等因素，它已经成为珍稀濒危植物。为了保护四合木，内蒙古自治区人民政府批准于1995年在内蒙古自治区鄂托克旗和乌海市建立了“四合木保护区”。

白刺

Nitraria tangutorum

■ 双子叶植物纲 ■ 牻牛儿苗目 ■ 蒺藜科

花期过后便是白刺果实成熟的季节了，它的果实为玫瑰红色，看起来就像一颗颗缩小的葡萄，鲜嫩欲滴的小果真想摘下来送入口中。的确，白刺的果实是可以吃的，它还有健脾、缓解神经衰弱等功效，许多人还会把它做成果汁和饮料。白刺果的外观看起来和枸杞十分相似，其实，相比枸杞来说，白刺果的味道会更加甜一点，并且白刺果内有一个核，而枸杞的果实中却有数粒小小的种子。

白刺是一种高度可达2米的灌木。白刺的枝条平铺在地面上，堆积的沙子便会形成小丘，因此，白刺还是一个优秀的固沙“能手”。白刺的花期为5~6月，在它盛开时，一朵朵白花紧密地排列在一起。

白刺

分布地区：

内蒙古自治区、河北省、陕西省、宁夏回族自治区等地

生长习性：

生于荒漠和半荒漠的湖盆沙地、河流阶地、山前平原积沙地、有风积沙的黏土地

主要价值：

药用

猪毛菜

分布地区：

黑龙江省、吉林省、辽宁省、内蒙古自治区等地

生长习性：

耐寒、耐旱、耐盐碱，在碱性沙质土壤上生长最好

主要价值：

药用、食用

猪毛菜

Salsola collina

■ 双子叶植物纲 ■ 中央种子目 ■ 藜科

猪毛菜也叫做“风滚草”，是一种一年生草本植物，当干旱来临的时候，它就会把根收起来，变成毛线团一样的形状，随风“流浪”。它们经常在许多电影中出现，成为十分有名的群众演员。猪毛菜随风滚动的时候会将种子散播在经过的土地上，因此它们的繁殖速度极快，加上又没有什么天敌，“风滚草”逐渐“放肆”起来。它们“流浪”在土地上各个角落，许多司机在路上开车会被突然出现的它们遮挡了视野，甚至将路彻底封死，被逼无奈的司机只能拿出铲子清出一条道路才可以继续行驶。

不仅如此，居民区也被它们的“大军”入侵过，堆积如山的“风滚草”挡在住户的门前、遮蔽窗子，严重影响了居民们的生活，“风滚草”肆虐的季节，便是人们同其战斗的开始。在中国，它根本没有“嚣张”的机会，当“风滚草”还幼嫩的时候，就会作为一种野菜被我们从地里挖出，制成了美味的佳肴。

梭梭

Haloxylon ammodendron

■ 双子叶植物纲 ■ 中央种子目 ■ 藜科

梭梭的种子寿命非常短，但它却是生命力最顽强的。如果将它播种到土里，只需一点水，它便可以在几个小时之内迅速生根发芽，一棵梭梭就能固定10平方米的荒漠。还在幼苗时期的梭梭看起来就像一丛不起眼的杂草，谁都不会想到，在不久以后，它会长成一棵大树，会在这片贫瘠的土地上不断蔓延，化身成为“沙漠卫士”，承担起防风固沙的重担。不仅如此，具有“沙漠之参”美称的珍贵药材——肉苁蓉，只有寄生在梭梭的身上才能够生长。

梭梭是高度为1~9米的小乔木，被称为“沙漠植被之王”。梭梭的树皮呈灰白色，花期在5~7月，花朵会生长在二年生枝条的侧生短枝之上。梭梭的果期在9~10月，它的果实为黄褐色的胞果。

梭梭

分布地区：

内蒙古自治区、宁夏回族自治区、甘肃省、青海省、新疆维吾尔自治区

生长习性：

生长于沙丘上、盐碱土荒漠、河边沙地等处

主要价值：

药用、生态、经济

沙葱

分布地区：

辽宁省、内蒙古自治区、陕西省、宁夏回族自治区、甘肃省、青海省、新疆维吾尔自治区

生长习性：

耐寒、耐旱、耐盐碱，在碱性沙质土壤中生长最好

主要价值：

药用、食用

沙葱

Allium mongolicum

■ 单子叶植物纲 ■ 百合目 ■ 百合科

第一次见到沙葱，它油亮油亮的质感让我以为它是一种韭菜。沙葱是我们常见的一种蔬菜，“凉拌沙葱”是让人垂涎欲滴的美食。沙葱又叫蒙古韭，在蒙古族人眼里，它可是一种上等的传统美食。沙葱生长在海拔800~2800米干旱的山坡、荒漠或者沙地上，沙葱所在的地方就必定有沙子的存在，它也因此获得了沙葱这个名字。沙葱的生命力极强，它可以正常生长在年平均降水量39~370毫米的地区。

不仅如此，只要环境温度在10~40℃之间，它就可以成活。沙葱的茎为鳞茎，鳞茎的外皮呈黄褐色，沙葱盛开的花朵比较大，颜色呈淡红色或淡紫色。沙葱还可以入药哦！早在明代，中国著名中药学家李时珍编著的《本草纲目》中就有沙葱的记载，在他的著作中，沙葱被称为“茖葱”，它有驱寒、消肿、治疗感冒风寒等功效。

碱韭

Allium polyrhizum

■ 单子叶植物纲 ■ 百合目 ■ 百合科

碱韭的叶片呈半圆柱状，它生长在海拔1000~3700米的向阳坡或草地上。碱韭具有半球状的伞形花序，它的花果期在6~8月，花朵呈淡紫色或白色。碱韭是一种非常优质的饲草，如果牧民们希望自己的家畜变得更加肥壮一些，碱韭则是他们的不二之选。不仅如此，碱韭还是一种我们做饭时用于炝锅的天然调味料，由于海拔和降水量的不同，碱韭中被用作调味料的都生长在干旱荒漠地区，如果将生长在平原草地上的碱韭制成调味料，那么味道上便会有所欠缺。

碱韭是一种多年生草本植物，它因为适应盐碱的能力很强而得名。碱韭具有一种特殊的茎，这种茎生长在地下，称作鳞茎。碱韭的鳞茎被一层枯死的鳞茎皮所包裹，在地表处形成了一个用来防旱、防热的保护层，这个保护层可以防止根系因暴晒蒸发水分。

碱韭

分布地区：

黑龙江省、吉林省、辽宁省、内蒙古自治区等地

生长习性：

生长在碱化或轻度盐化的土壤上

主要价值：

饲用、园林

绵刺

分布地区：

内蒙古自治区

生长习性：

分布区内气候干旱，雨量稀少，夏季酷热，冬季严寒

主要价值：

研究价值

绵刺

Potaninia mongolica

■ 双子叶植物纲 ■ 蔷薇目 ■ 蔷薇科

绵刺是一种落叶小灌木，它的高度为20~40厘米，是国家二级重点保护野生植物，幼嫩时期的它是许多牲畜喜爱的美食。绵刺的茎多分支，颜色呈灰棕色，它的全身都长着具有丝绸光亮的绢毛。它的花期在6~9月，花朵单生在叶腋处（叶片内侧的基部），花瓣为卵形，花色为白色或淡粉色。绵刺会在8~10月份结果，它的果实为浅黄色的瘦果，呈长圆形。绵刺花的花瓣只有三片，呈白色或粉色。

你知道吗，绵刺又叫假死草，在环境极度干旱的时候，它就会“变身”，让自己看起来像是一摊枯枝烂叶，就好像死了一样，但当雨水落到大地上的时候，它又会摇身一变，起死回生。绵刺生长在干旱、贫瘠的大地上，有防风固沙的作用，是一种良好的固沙植物。

黑果枸杞

Lycium ruthenicum

■ 双子叶植物纲 ■ 管状花目 ■ 茄科

我们在用黑果枸杞泡水喝的时候，清澈的水就会变色，它并不是经过了人工染色，这是它体内的天然原花青素在作怪。黑果枸杞是目前已知的所含花青素最高的植物，号称“花青素之王”，这也是为什么黑果枸杞比红枸杞更受青睐的原因。黑果枸杞的确有很高的营养价值，但近些年来，黑果枸杞被过分宣传，因此，我们在消费的时候一定要理性，不轻信、不盲从。

黑果枸杞是一种多棘刺灌木，它的高度可达150厘米，被誉为“野生的蓝色妖姬”。枸杞具有非常高的营养价值，它是养生人士的不二之选，枸杞是一种在我国具有4000年历史的上等食品，具有护肝、养肾、润肺等功效，黑果枸杞更是枸杞中身价最高的一种。

黑果枸杞

分布地区：

内蒙古自治区、陕西省、宁夏回族自治区、甘肃省等地

生长习性：

耐寒、耐高温、耐盐碱、耐干旱，喜光，全光照下发育健壮，在庇荫下生长细弱，花果极少

主要价值：

固土

沙拐枣

分布地区：
内蒙古自治区、甘肃省、新疆维吾尔自治区

生长习性：
具有抗风蚀、耐沙埋、抗干旱、耐瘠薄等特点

主要价值：
观赏

沙拐枣

Calligonum mongolicum

■ 双子叶植物纲 ■ 蓼目 ■ 蓼科

沙拐枣是一种生活在沙丘、荒漠等沙土堆积处的灌木。沙拐枣的高度可达1.5米，因为它的树干弯弯曲曲的，所以取名沙拐枣。沙拐枣的叶子形状为线形，它弯曲的枝条是它的老枝，当年生的新枝为灰绿色，上面还长有关节。沙拐枣的花期在5~7月，花朵呈白色或淡粉色，花期一过，6~8月它就会结出长满刺的果实。沙拐枣的果实为瘦果，形状呈椭圆形或条形。沙拐枣的根系十分发达，扎根能力极强，它会一边在地层中扎根，一边在扎根的过程中分株，即便沙拐枣被狂风连根拔起，它也可以通过分株继续存活。

通过这样的方式它可以很好地适应自然条件极度恶劣的干旱荒漠地区，能够在这里持续不断地繁衍和生长，是一种防风固沙的优良沙生植物。

半日花

Helianthemum songaricum

■ 双子叶植物纲 ■ 侧膜胎座目 ■ 半日花科

半日花的叶子呈披针形或狭卵形，它们常常会卷起来，并且被一层较短的白色绒毛覆盖，看起来非常厚。半日花的老枝呈褐色，年幼的小枝上包裹着白色的绒毛。半日花的花朵为黄色，开花过后便会结出卵形的、长有绒毛的蒴果。半日花真的是只开花半天吗？其实，它并不是只开花半天，它只是会在中午的时候“午休”一下，等到下午便会再次开放。“午休”是它的一种自保手段，在中午，太阳直勾勾地照到大地上，极高的温度笼罩着荒漠，为了适应这样的环境温度，半日花会控制自己的光合作用，减少水分蒸腾，保护自己免受高温和强光的伤害。

半日花是一种矮小灌木，它的高度为12厘米，是亚洲中部荒漠地区的特有植物。别看半日花这么不起眼，它可已经在地球上存活了7000多万年了，是一种远古残遗植物，具有活化石之称，是国家二级重点保护野生植物。

半日花

分布地区：

甘肃省、新疆维吾尔自治区、内蒙古自治区

生长习性：

分布在强大陆性气候，冬季寒冷、夏季炎热的地方

主要价值：

园林、染料、科研

锁阳

分布地区：

内蒙古自治区、陕西省、宁夏回族自治区、甘肃省、青海省、新疆维吾尔自治区

生长习性：

生于荒漠草原、草原化荒漠与荒漠地带

主要价值：

药用

锁阳

Cynomorium songaricum

■ 双子叶植物纲　■ 桃金娘目　■ 锁阳科

锁阳是一种多年生的肉质寄生草本植物。锁阳生长在荒漠草原、草原化荒漠以及荒漠地区，是一种耐旱的植物。锁阳的全株都呈红棕色，大部分都埋在沙土之中，看起来就像一个个肉乎乎的紫薯长在地上。它的鳞片似的叶片螺旋状排列在粗壮的茎上，锁阳的茎呈圆柱状，茎的基部较粗，埋在沙土之下的茎上长着一些细小的须根，锁阳的花期在5~7月，它的花朵上部分呈紫色，基部呈白色，它是一种寄生植物，锁阳的寄主就是那个被迫“冒充”枸杞的白刺，锁阳的体内没有叶绿素，它会寄生在白刺属植株的根部，依靠寄主的营养进行生长发育。锁阳是一种非常名贵的药材，“金锁阳，银人参”的说法在民间广为流传。

自古以来，锁阳在补药中可谓是“艳压群芳”，是一种上等的补品，有“沙漠人参”的美誉。锁阳的名贵可不是徒有虚名的，它在补肾、润肠、通便等方面都是出类拔萃的，更有“不老药”这一别名。

因为锁阳的功效如此显著，人们便开始大肆采挖，使得野生锁阳的数量急剧减少，再加上它还很“矫情”，对环境的要求非常苛刻，想要人工培育非常困难，因此锁阳成为一种濒危野生物种，具有极高的身价。

苁蓉

Cistanche salsa

■ 双子叶植物纲 ■ 管状花目 ■ 列当科

苁蓉的花期在5~6月，它的花朵呈淡紫色或淡黄色，密密麻麻地排列在它粗壮的肉质茎上，就像一个菠萝立在那里。在目前已知的最早的中药学著作《神农本草经》中就出现了肉苁蓉的身影，直到今天，它都是一种极其名贵的药材，也是国家三级保护野生药材。苁蓉和锁阳一样，都被称为“沙漠人参”，它具有提高免疫力、抗衰老、补肾等功效。

肉苁蓉又叫苁蓉、大芸、黑司令，它是一种寄生在梭梭这个“沙漠植被之王”身上的一种高大的寄生草本植物，它的高度为40~160厘米，苁蓉通过寄生在梭梭的根部来汲取生活所需的水分和营养。

苁蓉

分布地区：

内蒙古自治区、宁夏回族自治区、甘肃省、新疆维吾尔自治区

生长习性：

生长在气候极端干旱、日照强烈的戈壁沙漠环境中

主要价值：

药用

红砂

分布地区：

内蒙古自治区、北京市、陕西省、宁夏回族自治区

生长习性：

生长于荒漠、半荒漠的山麓洪积平原、山地丘陵、风蚀残丘、山前沙砾质和沙质洪积扇、戈壁等

主要价值：

牧草、园林、生态、药用

红砂

Reaumuria songarica

■ 双子叶植物纲 ■ 侧膜胎座目 ■ 柽柳科

红砂是一种小型灌木，红砂的小枝为淡红色，它年老的枝条则呈灰棕色，短圆柱状的叶子为鲜嫩的绿色。红砂的花期在每年的7~8月，它的花朵很小，颜色白里透粉，许多袖珍的小花聚在一起，像繁星一般点缀着绿叶。8~9月份，红砂便迎来了它的结果期，它的果实为蒴果，形状为长椭圆形或纺锤形，小小的果实中常常含有3~4枚被黑褐色的毛包裹着的种子。红砂的生命力顽强，广泛生长在荒漠地区，它几乎可以在荒漠地区的任何土质中存活，具有很好的防风固沙能力，是中国荒漠地区分布最广的沙漠植物之一。

当骆驼群或羊群行走在荒漠之中时，长有一片红砂的地方就会成为它们的餐桌，红砂就是它们补充能量的大餐。红砂还具有非常高的药用价值，它的嫩枝和叶片对湿疹、皮炎等症状都有治疗作用哦！当你感冒时，它还可以帮助你发汗，有利于风寒疾病的痊愈！

柽柳

Tamarix chinensis

■ 双子叶植物纲 ■ 侧膜胎座目 ■ 柽柳科

柽柳的花期很长，4~9月都是柽柳花朵盛开的日子，它淡粉色的小花朵一个贴着一个地绽放在当年生的枝条顶端，在艰苦的荒漠环境中努力地绽放着生命的激情。不仅如此，柽柳的寿命也很长，可以存活上百年，甚至上千年！开花过后柽柳就迎来了它的果期，它的果实为蒴果，形状呈圆锥形。柽柳不屈不挠，具有顽强的生命力。烧烤店中的红柳烤肉中的木签子就是柽柳的枝条，商家剥去枝条的外皮，使柽柳的汁液渗出，这些汁液就会起到调味料的作用。

柽柳是一种灌木或者乔木，它的高度为3~6米。与其他柳树不同，柽柳的枝条大多呈红棕色，因此，它也被称为红柳。柽柳的叶片为鲜绿色，常常呈长圆状披针形、长卵形或卵状披针形。

柽柳

分布地区：
辽宁省、河北省、山东省、河南省、安徽省等地

生长习性：
抗寒、耐高温和日晒、耐干又耐水湿、耐碱土

主要价值：
观赏、防风绿化、药用

中麻黄

分布地区：

辽宁省、内蒙古自治区、河北省、陕西省

生长习性：

长于海拔数百米至 2000 多米的干旱荒漠、沙滩地区及干旱的山坡或草地上

主要价值：

药用、生态

中麻黄

Ephedra intermedia

■ 盖子植物纲 ■ 麻黄目 ■ 麻黄科

中麻黄是一种高度为20~100厘米的灌木，它生长在干旱的荒漠地区，是一种旱生植物，是我国分布最广的麻黄之一。中麻黄的花期为5~6月，它的花朵是红色的，一朵一朵堆积成团，花开后，它的种子在7~8月份便可以成熟。中麻黄所在的麻黄家族可是一个“中药世家”。在西域古城遗迹楼兰的许多墓葬中，都出现了麻黄的身影，经过考古学家的考证，麻黄是我国最早使用的中药材。

你知道肾上腺素吗？麻黄和肾上腺素的功效类似，可以使人精神百倍，只不过麻黄所产生的反应，其持续的时间要比肾上腺素长得多。麻黄在《神农本草经》中被首次记载，而东汉末年的“医圣”张仲景则是将麻黄的功效发挥到极致。

膜果麻黄

Ephedra przewalskii

■ 盖子植物纲 ■ 麻黄目 ■ 麻黄科

膜果麻黄的茎木质化程度高，它的高度可以达到植株高度的一半甚至更高，表皮呈灰黄色或灰白色，表面有纵向裂纹。茎的上部分长有许多绿色的分枝，老枝黄绿色，小枝绿色。它的种子呈暗褐红色，长卵圆形，种子的表面还长有许多纵向的皱纹。膜果麻黄开着棕褐色的花朵，成团地抱在一起。它生长在干旱的沙漠等地，发达的根系使它可以起到极佳的防风固沙的作用，在水分比较充足的土地上它更是会大面积生长。膜果麻黄在沙漠中是骆驼的美食之一。不仅如此，膜果麻黄的茎和枝条是一种非常优良的燃料，膜果麻黄所处的麻黄家族非常有名，麻黄是一种上好的中药药材，它还被称作“龙沙”。出土于新疆楼兰古城遗址的墓葬麻黄是中国最早的药用麻黄实物。

膜果麻黄是一种高为50~240厘米的灌木。它因为虫害经常会出现顶端小枝卷曲的现象，因此人们又称它为蛇麻黄。

膜果麻黄

分布地区：

内蒙古自治区、宁夏回族自治区、甘肃省、青海省

生长习性：

强旱生植物，具有抗寒、耐热、耐旱、耐盐碱及耐土壤瘠薄的特点

主要价值：

固沙

沙枣

分布地区：

辽宁省、内蒙古自治区、河北省、山西省等地

生长习性：

生命力很强，具有抗旱、抗风沙，耐盐碱、耐贫瘠等特点

主要价值：

食用、药用、观赏、绿化

沙枣

Elaeagnus angustifolia

■ 双子叶植物纲 ■ 桃金娘目 ■ 胡颓子科

说到沙枣我们就能想到它酸酸甜甜的口感，让人不禁垂涎。沙枣是一种高5~10米的落叶乔木，外观很像一颗柳树。沙枣的身上长有许多棕红色的刺，刺的长度可达3~4厘米，因此沙枣也被称作刺柳。沙枣新生的枝条被许许多多的银白色的鳞片包裹着，当它年老的时候，这些鳞片便会自行脱落。每逢盛夏时节，生长在荒漠等地的沙枣就会绽放出金黄色的小花，每每提到沙枣，我们第一个想到的都是它那橘红色、酸甜可口的果实，我们完全忽略了沙枣花的光彩。

沙枣花具有非常芬芳的味道，它的花香味与桂花的味道相似，人们也叫它桂香柳，因此沙枣花被誉为“沙漠桂花”。只要是有沙枣花开放的地方，方圆百里都可以闻到它浓郁的花香味，因此沙枣花也叫七里香。沙枣的适应性很强，生长在荒漠地带的它还具有一定的防风固沙能力，是一名“治沙功臣”。

骆驼蓬

Peganum harmala

■ 双子叶植物纲 ■ 牻牛儿苗目 ■ 蒺藜科

骆驼蓬的花期在5~6月，花期一到，它就迫不及待地在这荒凉的荒漠中绽放自己的美丽，花朵的颜色为白色，淡淡的黄色若隐若现，清秀素雅的样子像一位纯洁的仙子，让人忍不住想凑上去闻一闻它的芳香。可是，骆驼蓬身上竟然散发着一股奇怪的臭味，臭味的来源并不是花朵，而是它的叶子，因此它还有个别称“臭古朵”，或许也正是因为它这种刺激性的臭味，使其他动物都不愿意靠近它，只有骆驼才可以享用这独特的“美食”。骆驼蓬在许多国家的习俗中有着特殊的意义，他们会使用燃烧、悬挂骆驼蓬等方式，驱除厄运，使人们免受邪恶的伤害。他们不仅为了辟邪，会将采集来的骆驼蓬枯枝悬挂在屋前，还会拿骆驼蓬来入药。

骆驼蓬是一种多年生的草本植物，它的高度为70厘米。骆驼蓬生长在非常干旱的荒漠或沙地之中，为了适应这种恶劣的环境，它将自己的叶片变得很细，以减少水分的流失。

骆驼蓬

分布地区：

内蒙古自治区、宁夏回族自治区、甘肃省

生长习性：

野生植株落粒性强，种子寿命长，休眠期亦长

主要价值：

饲用、药用

瓦松

分布地区：

黑龙江省、辽宁省、内蒙古自治区、河北省

生长习性：

广泛分布在深山向阳坡面，岩石隙间，古老屋瓦缝中也有生长，耐旱耐寒

主要价值：

观赏、药用

瓦松

Orostachys fimbriatus

■ 双子叶植物纲 ■ 蔷薇目 ■ 景天科

瓦松是一种二年生草本植物，它因经常会生长在墙头或房屋的瓦片之上，因此得名瓦松。瓦松的叶片上长有刺，形状呈线形至披针形，叶片的顶端逐渐增大，它们像莲花座一样一层一层地排列在一起。它的花期在每年的8~9月，花序为总状花序，排列非常紧密，看起来就像一座宝塔。瓦松披针状椭圆形的花瓣呈红色，紫色的花药静静地藏在里面。瓦松的果期在9~10月，它的果实外形就像是八角茴香一样，这种果实被称为蓇葖，蓇葖的形状为长圆形。

你知道吗，在中国传统文化中，瓦松是“寄居高位”的象征，一些古人认为，瓦松虽然能开花，但却没有什么实际用途，许多诗人通过描写对瓦松的不屑来表达自己甘于平凡的心。而在今天，中国人民心中的瓦松具有顽强抗争、生生不息的精神。